高职高专**建筑工程技术专业**系列教材

建筑工程全过程项目招投标综合模拟实训

主　编　于　淼　张红卫
主　审　蓝兴洲

重庆大学出版社

内容提要

本书是“十二五”职业教育国家规划教材《工程招投标与合同管理》(第2版)的配套实训教材。

本书从高等教育的特点和知识结构出发,遵循培养实用型人才的教育理念,注重知识结构和内容的实用性和适用性,重点突出学生专业能力的培养。书中按照建设项目招投标实际工作角色分工来组织安排实训内容,共分七个模块,主要内容包括设立施工企业模拟实训、模拟编制工程招标公告、模拟编写资格审查申请文件、招标文件更改实训、模拟编写投标文件、模拟开标活动现场、模拟评标活动。

本书可作为工程造价、建筑工程技术、建筑经济管理、建设工程管理以及其他土建类专业的教材,也可供建筑施工企业、工程造价机构、工程监理机构、工程招投标代理机构及相关单位的工程管理人员和技术人员参考。

图书在版编目(CIP)数据

建筑工程全过程项目招投标综合模拟实训 / 于淼,张红卫主编. -- 重庆 : 重庆大学出版社,2022.5

ISBN 978-7-5689-3283-7

Ⅰ.①建… Ⅱ.①于… ②张… Ⅲ.①建筑工程—招标—高等职业教育—教材②建筑工程—投标—高等职业教育—教材 Ⅳ.①TU723

中国版本图书馆 CIP 数据核字(2022)第083186号

建筑工程全过程项目招投标综合模拟实训

主 编 于 淼 张红卫

主 审 蓝光洲

策划编辑:鲁 黎

责任编辑:文 鹏 版式设计:鲁 黎

责任校对:谢 芳 责任印制:张 策

*

重庆大学出版社出版发行

出版人:饶帮华

社址:重庆市沙坪坝区大学城西路21号

邮编:401331

电话:(023) 88617190 88617185(中小学)

传真:(023) 88617186 88617166

网址:http://www.cqup.com.cn

邮箱:fxk@cqup.com.cn (营销中心)

全国新华书店经销

重庆市国丰印务有限责任公司印刷

*

开本:787mm×1092mm 1/16 印张:9.25 字数:234千

2022年5月第1版 2022年5月第1次印刷

印数:1—2 000

ISBN 978-7-5689-3283-7 定价:33.00元

前言

改革开放以来,建筑业作为国民经济的重要支柱产业得到了迅猛的发展,它与国家经济的发展、人民生活水平的改善密切相关,随着新型工业化和城镇化的推进,建筑业还将持续快速地发展。伴随着建筑行业的改革,我国推行了工程招投标管理制度,共同促进建筑业的规范发展和与国际接轨,其目的是让投标单位获得工程项目的竞争更加公平、公正,所以招投标工作要求从业人员具有复合型、多学科专业知识及与招投标相关的法律事务处理能力。

建筑业的规范发展归根到底是人才的发展。掌握工程招投标技能,已成为建筑行业各类人才必备的业务能力,特别是工程造价人员、工程施工管理人员。根据国家中长期人才发展规划纲要和教育"十四五"规划,按照以就业为导向的教学改革要求,强调知识的实用性,注重专业能力的培养,以招投标工作中分角色划分教学模块,以任务为导向来进一步驱动学生掌握工程招投标的学习内容。

本书在知识结构方面注重有效知识,构建支持学生终身学习的基础知识结构,融入本专业领域的最新知识和成果。在能力培养方面,重点突出实用性、实践性,确立工学结合一体化的培养方案;通过产教融合、校企深度合作,引入了造价员、二级建造师岗位对工程招投标和合同能力的考核标准,使教材紧密结合岗位需求,体现"实践应用"的特点。

本书是按照《中华人民共和国招标投标法》《中华人民共和国招投标法实施条例》及地方政府公布的工程招标文件,采用了最新的《建设工程施工合同(示范文本)》,使课程标准更加符合法规的要求。

本书由广西财经学院于森、山东省临沂市河东区住房和城乡建设局张红卫担任主编,广西机电职业技术学院蓝光洲担任主审。由于编者的学识和理论水平有限,教材中难免有不当及疏漏之处,望广大师生、同行和读者批评指正。

编　者

2021 年 12 月

目录

使用说明

一、课程性质

本书是与理论教材《工程招投标与合同管理》相配套的实践实训环节教材，旨在通过实际工程项目招投标全过程模拟的实践实训活动，引导学生主动参与招投标实践的全过程，与课程所学重要知识点及法律法规相结合，充分体验招投标操作实务，积累工程实践经验，在毕业后可以熟练从事招标代理及投标活动等相关工作。

本实践课程以《中华人民共和国招标投标法》和《中华人民共和国招标投标法实施条例》为法律法规依据，以《中华人民共和国房屋建筑和市政工程标准施工招标文件》和广西及南宁市《房屋建筑和市政工程施工招标文件范本(2019 年版)》为主要内容，以提升学生实践能力为核心，构建若干模块。通过具体任务学习，学生可达到相应的能力目标。

二、课程目标

通过实践教学使学生具有工程招投标的基本能力和在实际工作中能适应工程招投标岗位的要求，具备相应的招投标能力。

1.知识目标

学生对工程招投标相关法律知识有进一步的认识，巩固工程施工招标与投标基本程序与内容的掌握。

2.能力目标

学生具备工程施工招标、投标文件的编制能力。

3.素质目标

学生具备工程招投标法律意识、契约精神，增强专业及职业素养，提高学习能力。

三、基本要求

指导教师讲授招标的原则和方法，编制投标书的支撑知识点。主要就一个招投标项目实例进行项目教学。

四、课程内容

课程内容说明：本课程为工程招投标全过程实训，包括七个模块，模块之间前后关联；模块内包含若干教学内容，教学内容前后递进。

（一）学习模块、学习内容、学时分配

表1　学习模块、学习内容、课时分配表

序号	学习模块	实践教学内容	学时分配	
			实践	小计
1	施工企业设立	模拟建立投标企业基本信息	5	5
2	编制工程招标公告	就多个版本进行模拟编制工程招标公告，巩固企业资质规模规定	5	5
3	资格审查申请文件	模拟编写资格审查申请文件	5	5
4	工程施工招标文件	将招标文件案例修改为实训环境下的招标文件	5	5
5	工程施工投标文件	对招标文件进行解读和答疑；模拟编写工程施工投标文件；为开、评标活动进行准备	5	5
6	开标活动开展	模拟开标活动现场	2	2
7	评标活动开展	模拟评标活动流程和评审；确定中标人，编写评标报告。对投标文件的编制错误进行指正。	3	3
课时总计			30	30

(二)学习模块设计

表2　学习模块设计一览表

<table>
<tr><td>模块一</td><td colspan="3">施工企业设立</td><td>学时</td><td>5</td></tr>
<tr><td>学习目标</td><td colspan="5">掌握施工企业投标应具备的资格、资质、能力、诚信</td></tr>
<tr><td>教学任务</td><td colspan="5">模拟建立投标企业基本信息</td></tr>
<tr><td rowspan="4">教学设计</td><td>理论教学内容</td><td>学时分配</td><td>教学方法</td><td colspan="2">教学场所</td></tr>
<tr><td></td><td></td><td></td><td colspan="2"></td></tr>
<tr><td>实践教学内容</td><td>学时分配</td><td>教学方法</td><td colspan="2">教学场所</td></tr>
<tr><td>模拟建立投标企业基本信息</td><td>5</td><td>讲解演示</td><td colspan="2">工程招投标教学中心</td></tr>
<tr><td>模块二</td><td colspan="3">编制工程招标公告</td><td>学时</td><td>5</td></tr>
<tr><td>学习目标</td><td colspan="5">掌握工程招标公告的基本内容和实质内容</td></tr>
<tr><td>教学任务</td><td colspan="5">模拟编制各类工程招标公告</td></tr>
<tr><td rowspan="4">教学设计</td><td>理论教学内容</td><td>学时分配</td><td>教学方法</td><td colspan="2">教学场所</td></tr>
<tr><td></td><td></td><td></td><td colspan="2"></td></tr>
<tr><td>实践教学内容</td><td>学时分配</td><td>教学方法</td><td colspan="2">教学场所</td></tr>
<tr><td>对施工企业资质规模和项目经理资格规定进行讲解</td><td>5</td><td>讲解演示</td><td colspan="2">工程招投标教学中心</td></tr>
<tr><td>模块三</td><td colspan="3">资格审查申请文件</td><td>学时</td><td>5</td></tr>
<tr><td>学习目标</td><td colspan="5">学会编制工程施工资格审查申请文件</td></tr>
<tr><td>教学任务</td><td colspan="5">模拟编写资格审查申请文件</td></tr>
<tr><td rowspan="4">教学设计</td><td>理论教学内容</td><td>学时分配</td><td>教学方法</td><td colspan="2">教学场所</td></tr>
<tr><td></td><td></td><td></td><td colspan="2"></td></tr>
<tr><td>实践教学内容</td><td>学时分配</td><td>教学方法</td><td colspan="2">教学场所</td></tr>
<tr><td>模拟编写资格审查申请文件</td><td>5</td><td>讲解演示</td><td colspan="2">工程招投标教学中心</td></tr>
<tr><td>模块四</td><td colspan="3">工程施工招标文件</td><td>学时</td><td>5</td></tr>
<tr><td>学习目标</td><td colspan="5">掌握工程施工招标文件的内容及编制要点</td></tr>
<tr><td>教学任务</td><td colspan="5">将招标文件案例修改为实训环境下的招标文件</td></tr>
<tr><td rowspan="4">教学设计</td><td>理论教学内容</td><td>学时分配</td><td>教学方法</td><td colspan="2">教学场所</td></tr>
<tr><td></td><td></td><td></td><td colspan="2"></td></tr>
<tr><td>实践教学内容</td><td>学时分配</td><td>教学方法</td><td colspan="2">教学场所</td></tr>
<tr><td>将招标文件案例修改为实训环境下的招标文件</td><td>5</td><td>讲解演示</td><td colspan="2">工程招投标教学中心</td></tr>
</table>

续表

模块五	工程施工投标文件		学时	5
学习目标	学会编制工程施工投标文件			
教学任务	对投标文件和开评标活动进行点评			
教学设计	理论教学内容	学时分配	教学方法	教学场所
	实践教学内容	学时分配	教学方法	教学场所
	对招标文件进行解读和答疑; 模拟编写工程施工投标文件; 为开、评标活动进行准备	5	讲解演示	工程招投标教学中心
模块六	开标活动开展		学时	2
学习目标	对开标活动实景进行体验			
教学任务	模拟开标活动现场实景			
教学设计	理论教学内容	学时分配	教学方法	教学场所
	实践教学内容	学时分配	教学方法	教学场所
	模拟开标活动现场实景	2	讲解演示	工程招投标教学中心
模块七	评标活动开展		学时	3
学习目标	掌握工程施工开标的程序、学会应用评标方法进行评标;巩固工程施工招投标活动成效和提高投标文件编制质量			
教学任务	模拟评标活动流程和评审;确定中标人,编写评标报告。对投标文件的编制错误进行指正。			
教学设计	理论教学内容	学时分配	教学方法	教学场所
	实践教学内容	学时分配	教学方法	教学场所
	对投标文件和开评标活动进行点评	3	讲解演示	工程招投标教学中心

五、教学评价

(1)强调工作任务与模块评价,结合课堂表现、案例分析、讲解与操作,综合思考与练习、专业能力考核等手段,加强实践性教学环节的考核,注重学生理解与分析能力的培养与提高;

(2)强调目标评价、理论与实践一体化评价,注重培养学生进行自主学习的能力;

(3)强调项目结束后的综合评价,充分发挥学生的主动性与创造性,注重考核学生的综合职业能力水平；

(4)建议在项目教学中按任务评分，在项目结束时进行综合考核。

六、注意事项

模块三中的《投标人须知前附表》对应模块四《南宁市房屋建筑和市政工程施工招标文件范本》(2019 年版)中的第二章。

模块三中的《评标办法前附表》对应模块四《南宁市房屋建筑和市政工程施工招标文件范本》(2019 年版)中的第三章评标办法前附表“2.1.1”。

模块三中的《投标文件格式资格审查部分》对应模块四《南宁市房屋建筑和市政工程施工招标文件范本》(2019 年版)中的第九章投标文件格式资格审查部分。

模块四《南宁市房屋建筑和市政工程施工招标文件范本》(2019 年版)第四章至第八章出于课程难度的考虑，暂为省略。

模块五中的《商务标投标文件格式》对应模块四《南宁市房屋建筑和市政工程施工招标文件范本》(2019 年版)的第九章投标文件格式商务标部分。

模块五中的《技术标投标文件格式》对应模块四《南宁市房屋建筑和市政工程施工招标文件范本》(2019 年版)的第九章投标文件格式技术标部分。

模块一
设立施工企业模拟实训

根据《中华人民共和国建筑法》《中华人民共和国行政许可法》《建设工程质量管理条例》《建设工程安全生产管理条例》等法律、行政法规的规定，在中华人民共和国境内申请建筑业企业资质的建筑业企业应当按照其拥有的注册资本、专业技术人员、技术装备和已完成的建筑工程业绩等条件申请资质，经审查合格，取得建筑业企业资质证书后，方可在资质许可的范围内从事建筑施工活动。建筑施工企业如果想要在当地招投标交易中心进行投标活动，必须到当地建设行政主管部门招投标管理办公室或者相关部门进行企业资质等的备案，建筑施工企业是工程施工招投标活动的投标人。合理设立工程施工企业，对于开展工程招投标活动极其重要。

本模块主要介绍施工企业注册及其备案制度，帮助学生了解并学习设立施工企业名称核准、建立公司、确定公司的基本信息资料、企业证件资料，使公司获得相应资质和信誉，从而成为满足工程施工招标项目资质要求的投标人。

一、实训任务

作为投标单位的施工企业是从事房屋建筑、公路、水利、电力、桥梁、矿山等土木工程施工的单位。开展经营活动的企业有多种类型，有法人制企业和非法人制企业之分，有公司制企业和非公司制企业之分。从事建筑工程施工的企业，绝大多数是根据《中华人民共和国公司法》设立的有限责任公司，是法人制企业。请学生模拟设立有限责任公司形式的施工企业，确定法定代表人、成立日期等信息。具体要求如下：

1.办理条件

（1）施工企业名称由行政区划、字号、建筑行业特点、组织形式组成。如：广西+腾飞+建筑工程+有限（责任）公司；

（2）企业名称应当使用规范汉字，不得使用汉语拼音字母、阿拉伯数字等；

（3）公司应当在名称中标明“有限公司”或“有限责任公司”字样；

（4）企业名称中的字号应当由两个以上汉字组成，字号在“国家企业信用信息公示系统”或“信用中国”上查询广西范围内不被注册为合格。

2.法律效力

（1）法律、行政法规规定设立企业必须报经审批或者企业经营范围中有法律、行政法规定必须报经审批项目的，应当在报送审批前办理企业名称预先核准，并以登记机关核准的企业名称报送审批；

（2）申请人持《名称预先核准通知书》到银行办理开户；

（3）预先核准的公司名称在保留期内，明令禁止不得用于从事经营活动，不得转让其他企业或组织。

3.设立施工企业

施工企业的设立，首先要取得企业法人营业执照，获得统一社会信用代码，核准经营范围，办理基本户开户、税务登记。根据经营情况申请取得施工总承包经营资质或专业承包资质，在经营过程中，逐渐取得一定业绩、获得信誉和奖项。设立施工企业参考信息如下：

某建设项目建设规模：建筑总面积为 103 557.22 m^2。

名称	建筑面积/m^2	高度/m	层数/层	备注
1#楼	16 862.73	31.15	地上 6 层	
2#楼	17 607.39	36	地上 7 层	
3#楼	36 376.13	94.34	地上 19 层	其中：商业建筑面积共 27 542.39 m^2，商务（质检中心）建筑面积 8 695.47 m^2，消防控制室建筑面积 138.27 m^2。
3#楼	32 710.97		地下 2 层	地下室人防出口建筑面积：61.08 m^2；地下室建筑面积：32 649.89 m^2。
总计	103 557.22			
合同估算价	25 000.000 000 万元			

请根据以上信息，用已经核准的施工企业名称，设立满足该项目工程施工总承包的建筑施工企业。要求：

①取得企业法人营业执照（扫描件）；

②取得银行账户开户许可证（扫描件）（2019 年底前新设立企业不用银行账户开户许可证）；

③取得施工单位的组织机构代码证书（扫描件）；

④取得工程施工总承包企业资质证书（扫描件）；

⑤取得有效的安全生产许可证（扫描件）；

⑥填写企业基本情况表和企业简介（见附表）；

⑦证件设立规范，资质满足承包工程最低需要，企业基本情况表填写正确。

二、实训目的

（1）让学生了解施工企业设立流程；

（2）本模块是为后面模块的进行打下基础，使整个实训任务完整。

三、实训要求

（1）教师：就模拟施工企业的设立进行讲解。主要讲解如何按照法律法规要求进行企业名称申请核准，施工企业资质等级的规定。

（2）学生：听、看、学、做，按照老师讲解步骤以及注意事项开展任务，充分进行任务分配，合理安排，完成实训任务。

（3）学生分组：学生可独立完成本模块实训任务。建议进行分组完成实训任务，每组 5 人（个别组可 6~7 人），每组代表一个施工企业，为下一步投标做准备。

（4）提交作业：

①合格的施工企业名称成果；

②规范的《企业基本情况表》、合理的《企业简介》并附有关扫描件；

③图文并茂的企业简介 PPT，至少应有十张，应包括企业名称、企业简介、营业执照、资质证书、主要管理人员情况、业绩、信誉情况等。然后进行小组分工，写实训体会等。

（5）成绩评定：教师可根据学生实训表现及成果，综合评定每个同学的成绩，分别评定为优秀、良好、中等、及格和不及格。

四、参考法律法规及相关规定

（1）《中华人民共和国建筑法》（2019 修正）

（2）《中华人民共和国公司法》（2018 修正）

（3）〈中华人民共和国公司登记管理条例》（2016 修订）

（4）《企业名称登记管理规定》（2020 修订）（国务院令第 734 号）

（5）《建筑业企业资质管理规定》（住房和城乡建设部令第 159 号）

（6）《建筑业企业资质标准》（建市［2016］159 号）

（7）国家企业信用信息公示系统

（8）信用中国网站

（9）广西建设网诚信库企业

五、附件

附件一　企业基本情况

企业名称	××××××××		
企业注册地址	××省（自治区、直辖市）××（市、州、盟）××（区、市、旗）		
	××（路、道、巷、乡、镇）××号（村）	邮政编码	××××
企业详细地址	××省（自治区、直辖市）××地区（市、州、盟）××县（区、市、旗）		
	××街（路、道、巷、乡、镇）　××号（村）	邮政编码	×××××
营业执照注册号	××××××××	组织机构代码	××××××××
企业类型	××××	建立时间	××××年××月××日

续表

<table>
<tr><td>联系电话</td><td colspan="2">××××××××</td><td>传　　真</td><td colspan="2">×××××××</td></tr>
<tr><td>企业网址</td><td colspan="2">×××××××</td><td>电子信箱</td><td colspan="2">××××××</td></tr>
<tr><td>法定代表人</td><td>×××</td><td>职务</td><td>×××</td><td>职称</td><td>×××</td></tr>
<tr><td>企业经理</td><td>×××</td><td>职务</td><td>×××</td><td>职称</td><td>×××</td></tr>
<tr><td>总工程师</td><td>×××</td><td>职务</td><td>×××</td><td>职称</td><td>×××</td></tr>
<tr><td>施工安全生产许可证编号</td><td colspan="2"></td><td>有效期</td><td colspan="2"></td></tr>
<tr><td rowspan="21">企业主要人员状况</td><td colspan="5">从业人员年末人数×××人;年末离退休人员×××人</td></tr>
<tr><td colspan="5">从业人员年平均人数×××人;其中:管理人员×××人</td></tr>
<tr><td colspan="5">注册人员</td></tr>
<tr><td colspan="5">总数××人</td></tr>
<tr><td rowspan="2">其中</td><td colspan="2">一级注册建造师　××人</td><td colspan="2">二级注册建造师　××人</td></tr>
<tr><td colspan="2">其他注册人员　××人</td><td colspan="2"></td></tr>
<tr><td colspan="5">中级及以上职称人员</td></tr>
<tr><td colspan="5">总数××人</td></tr>
<tr><td>其中</td><td colspan="2">高级职称 ××人</td><td colspan="2">中级职称 ××人</td></tr>
<tr><td colspan="5">现场管理人员</td></tr>
<tr><td colspan="5">总数××人</td></tr>
<tr><td rowspan="6">其中</td><td colspan="2">施工员　××人</td><td colspan="2">造价员　××人</td></tr>
<tr><td colspan="2">质量员　××人</td><td colspan="2">劳务员　××人</td></tr>
<tr><td colspan="2">安全员　××人</td><td colspan="2">测量员　××人</td></tr>
<tr><td colspan="2">机械员　××人</td><td colspan="2">试验员　××人</td></tr>
<tr><td colspan="2">资料员　××人</td><td colspan="2">标准员　××人</td></tr>
<tr><td colspan="2">材料员　××人</td><td colspan="2"></td></tr>
<tr><td colspan="5">技术工人</td></tr>
<tr><td colspan="5">总数××人</td></tr>
<tr><td rowspan="2">其中</td><td colspan="2">自有技术工人　××人</td><td colspan="2">全资或控股劳务企业技术工人　××人</td></tr>
<tr><td colspan="2">中级工及以上　××人</td><td colspan="2"></td></tr>
</table>

续表

企业财务状况	注册资本	×××万元	其中:	
	资产总额	×××万元	国有资本	×××万元
	固定资产	×××万元	法人资本	×××万元
	流动资产	×××万元	个人资本	×××万元
	负债总额	×××万元	港澳台商资本	×××万元
	净资产	×××万元	外商资本	×××万元
	港澳台投资方	□香港　□澳门　□台湾	外商投资方	×××国
设备	机械设备总台数	×××台(件)	机械设备总功率	×××千瓦
	机械设备原值	×××万元	技术装备净值	×××万元
	动力装备率	×××千瓦/人	技术装备率	××万元/人
厂房	企业自有厂房面积	×××m^2	企业租赁厂房面积	×××m^2

备注:

1.企业类型按营业执照相关内容填写;

2.本表所有数据项不得有空项,如无数据填写,应该在数据项填空处用"无"表示;

3.港澳台投资方、外商投资方、港澳台商资本、外商资本等栏内资企业不需要填写。

附件二　企业简介

××。

××。

备注:本简介可复制加页。

模块二
模拟编制工程招标公告

资格预审，是指投标前对获取资格预审文件并提交资格预审申请文件的潜在投标人进行资格审查的一种方式。工程招标公告（或资格预审公告），是工程招投标活动的第一步，是招标企业将招标主要事项和要求公告于世，从而使众多的投标者前来投标的一种通知类文书。其内容包括：①招标条件。②项目概况与招标范围。③投标人资格要求。④招标文件的获取。⑤投标文件的递交。⑥发布公告的媒介。⑦联系方式。投标人资格要求设置是关键。招标公告编制的质量高低，直接关系到招投标活动的成败。

本模块通过编制不同类型、规模的招标公告，让学生逐步熟练掌握工程建设活动的各类企业各等级资质的承接范围、专业人员要求，特别是施工企业各类各等级项目经理的执业范围和执业规模，为编制招标文件和投标文件打下坚实的基础。

一、实训任务

（一）模拟编制南宁市房屋建筑和市政工程施工招标公告一

1.基本信息

南宁市某建设项目建设规模：建筑总面积：103 557.22 m^2，最高 19 层，高度 94.34 m；

<table>
<tr><th>名称</th><th>建筑面积/m^2</th><th>高度/m</th><th>层数/层</th><th>备注</th></tr>
<tr><td>1#楼</td><td>16 862.73</td><td>31.15</td><td>地上 6 层</td><td></td></tr>
<tr><td>2#楼</td><td>17 607.39</td><td>36</td><td>地上 7 层</td><td></td></tr>
<tr><td>3#楼</td><td>36 376.13</td><td rowspan="2">94.34</td><td>地上 19 层</td><td>其中：商业建筑面积共 27 542.39 m^2，商务（质检中心）建筑面积 8 695.47 m^2，消防控制室建筑面积 138.27 m^2。</td></tr>
<tr><td>3#楼</td><td>32 710.97</td><td>地下 2 层</td><td>地下室人防出口建筑面积：61. 08 m^2；
地下室建筑面积：32 649. 89 m^2。</td></tr>
<tr><td>总计</td><td>103 557.22</td><td colspan="3"></td></tr>
<tr><td>合同估算价</td><td colspan="4">25 000.000 000 万元</td></tr>
</table>

续表

名称	建筑面积/m^2	高度/m	层数/层	备注
要求工期	1 200 日历天			
招标范围	包括土建工程、结构工程、电气工程、给排水工程、通风工程、消防工程、土方工程、室外给排水工程、室外电气工程 、景观绿化工程、智能安防系统工程等,具体以经审查备案施工图纸及工程量清单为准。			

2.请根据所给招标公告模板(附件一),编制一份工程施工总承包招标公告

要求:

(1)合理设置企业资质条件;

(2)合理设置人员资格条件;

(3)时间安排符合法律法规;

(4)类似业绩设置符合要求;

(5)评标方法选择恰当;

(6)项目名称、时间、地点、批准文件、招标人、招标代理机构等信息资料自拟。

(二)模拟编制南宁市房屋建筑和市政工程施工招标公告二

1.基本信息

名　称	内　容	备　注
建设项目建设规模	项目全长 2 166 m,红线宽 60 m,道路等级为城市主干路,设计速度 60 km/h。	
合同估算价	17 613.340 000 万元	
要求工期	365 日历天,定额工期________日历天	建筑安装工程定额工期应按《建筑安装工程工期定额(TY01-89-2016)》确定,工期压缩时,宜组织专家论证,且在招标工程量清单中增设提前竣工(赶工补偿)费项目清单。
招标范围	道路(路基、路面)、桥梁、箱涵、排水(含雨水、污水)、照明、绿化、交通、海绵城市及电缆管道工程等,详见施工图纸及工程量清单。	
标段划分	1 个标段	

2.请根据所给招标公告模板(附件一),编制一份工程施工总承包招标公告

要求:

(1)合理设置企业资质条件;

(2)合理设置人员资格条件;

(3)时间安排符合法律法规;

(4)类似业绩设置符合要求;

(5)评标方法选择恰当;

(6)项目名称、时间、地点、批准文件、招标人、招标代理机构等信息资料自拟。

(三)模拟编制广西房屋建筑和市政工程施工招标公告三

1.基本信息

<table>
<tr><th>名　称</th><th colspan="3">内　容</th><th>备　注</th></tr>
<tr><td rowspan="2">建设项目
建设规模</td><td rowspan="2">总建筑面积 20 163.94 m^2,
2 栋 7 层,框架结构</td><td>A 标段
(30#)</td><td>10 169.97 m^2</td><td>含室外附属工程,
含连廊建筑面积 176 m^2</td></tr>
<tr><td>B 标段
(31#)</td><td>9 993.97 m^2</td><td></td></tr>
<tr><td>合同估算价</td><td colspan="3">2 500.0 万元</td><td></td></tr>
<tr><td>要求工期</td><td colspan="3">248 日历天</td><td rowspan="2">建筑安装工程定额工期应按《建筑安装工程工期定额(TY01-89-2016)》确定,工期压缩时,宜组织专家论证,且在招标工程量清单中增设提前竣工(赶工补偿)费项目清单</td></tr>
<tr><td>定额工期</td><td colspan="3">309 日历天</td></tr>
<tr><td>招标范围</td><td colspan="3">经评审备案的施工图纸范围内的工程,详见工程量清单</td><td></td></tr>
</table>

2.请根据所给招标公告模板(附件二),编制一份工程施工总承包招标公告

要求:

(1)合理设置企业资质条件;

(2)合理设置人员资格条件;

(3)时间安排符合法律法规;

(4)类似业绩设置符合要求;

(5)评标方法选择恰当;

(6)项目名称、时间、地点、批准文件、招标人、招标代理机构等信息资料自拟。

(四)模拟编制房屋建筑和市政基础设施工程总承包(EPC)招标公告

1.基本信息

建设规模:新建一栋实验实训综合楼,建筑高度为 82.2 m,地上 20 层,地下 2 层。总建筑面积为 36 817.68 m^2(含中水泵房面积 200 m^2),其中:地上建筑面积 30 137.57 m^2,地下建筑面积 6 680.11 m^2(含中水泵房面积 200 m^2)。跨度 15.7m。

合同估算价:13 720 万元

计划工期:本项目总工期为 790 天(日历天)(指自签订总承包合同之日起到工程交付业主使用之日期间的工期,包括设计工期、采购工期、施工工期、验收工期、办理相关手续的工期等)。其中,房屋建筑工程的施工工期压缩时,宜组织专家论证,且在工程量清单中增设提前竣工(赶工补偿)费项目清单。项目建设工期预计从 2021 年 3 月至 2023 年 4 月。

招标范围:依据拟建项目已批复的初步设计、招标文件的要求进行项目的施工图设计、施工的工程总承包内容招标,包括建设红线范围内招标控制价、工程量清单及建筑、结构、给排水、电气动力及照明、暖通空调、电梯、室外管线综合、景观绿化、绿色建筑(二星级)、可再生能源、中水、精装修、智能化、亮化工程、基坑支护、地基处理、人防、消防、室外总平等内容的施工图设计(含二次深化设计内容)、项目全过程的建筑信息模型(BIM)技术服务(设计阶段包含但不限于设计阶段建模、流线模拟、疏散模拟、交通模拟、管线综合、设计优化、碰撞分析;施工阶段包含施工模拟与优化、施工过程管理),以及通过审批、施工配合、协助报建报批、施工等直至竣工验收合格及交付使用、协助完成工程竣工验收备案(通过规划验收、人防验收、消防验收、绿建验收等)、在工程保修期内的缺陷修复的总承包交钥匙工程。设计内容按达到二星级绿色建筑标准,并负责星级标识申报和示范项目申报。

2.请根据所给招标公告模板(附件三),编制一份工程总承包招标公告

要求:

(1)合理设置企业资质条件;

(2)合理设置人员资格条件;

(3)时间安排符合法律法规;

(4)类似业绩设置符合要求;

(5)项目名称、时间、地点、批准文件、招标人、招标代理机构等信息资料自拟。

(五)模拟编制房屋建筑和市政工程监理招标公告

1.基本信息

建设规模:新建 3 栋住宅楼,框架-剪力墙结构,地上 32 层,地下 2 层,建筑面积 101 251.33 m^2。

项目概算投资额(或建筑安装工程费):23 000.000 000 万元

本项目监理采购预算价:2 030 000.00 元

工程施工工期: 986 日历天

本次招标监理服务期:从签订委托监理合同之日始至工程质量保修期结束止;其中施工阶段监理服务期: 986 日历天

质量要求:

标段划分:1 个标段

招标范围:广西××学院危旧房改住房改造工程的前期准备阶段、施工阶段及缺陷责任期阶段全过程监理服务。工程施工前期准备阶段、施工阶段、工程缺陷保修阶段的监理服务。(经审查备案的施工图纸及工程量清单范围内所有内容,包括但不限于广西××学院危旧房改住房改造工程土建、水电、防雷、消防、人防、电梯、总平及相关附属配套等)。

2.请根据所给招标公告模板(附件四),编制一份工程监理招标公告

要求:

(1)合理设置企业资质条件;

(2)合理设置人员资格条件;

(3)时间安排符合法律法规;

(4)类似业绩设置符合要求；

(5)项目名称、时间、地点、批准文件、招标人、招标代理机构等信息资料自拟。

二、实训目的

(1)为了完善整个招投标实训环节，招标公告制作尤为重要，可为后面模块的开展打下基础；

(2)使学生掌握基本招标公告制作流程及内容。

三、实训要求

(1)教师就招标公告进行讲解。主要讲解各类工程招标公告对投标企业的资质要求和人员设置要求，各序列施工总承包资质企业和专业承包企业的承包工程范围，一、二级建造师担任项目经理的执业规模要求；

(2)学生：听、看、学、做，按要求完成实训任务；

(3)学生分组：学生根据模块一的分组，完成本模块其中一个实训任务。建议五个任务都由学生组模拟编写；

(4)提交作业：合规的招标公告；

(5)成绩评定：教师可根据学生实训表现及成果，综合评定每个同学的成绩，分别评定为优秀、良好、中等、及格和不及格。其中，成绩最好的小组，可担任模块六、模块七的招标活动的开标、评标、定标组织工作并担任评委(5 人以上单数)。

四、参考法律法规及相关规定

(1)《中华人民共和国招标投标法》(2017 修正)

(2)《中华人民共和国招标投标法实施条例》(2019 修订)

(3)《房屋建筑和市政基础设施工程施工招标投标管理办法》(2019 修正)

(4)《招标公告和公示信息发布管理办法》(国家发展改革委第 10 号令)

(5)《必须招标的工程项目规定》(国家发展改革委第 16 号令)

(6)《建筑业企业资质管理规定》(住房和城乡建设部令第 159 号)

(7)《建筑业企业资质标准》(建市[2016]159 号)

(8)《工程监理企业资质管理规定》(2019 修正)

(9)《注册建造师管理规定》(2016 修正)

(10)《注册建造师执业工程规模标准》(试行)

(11)《注册监理工程师管理规定》(2016 修正)

(12)《建设工程勘察设计资质管理规定》

(13)《中华人民共和国注册建筑师条例实施细则》(2008)

(14)《广西壮族自治区房屋建筑和市政工程施工招标文件范本》(2019 年版)

(15)《南宁市房屋建筑和市政工程施工招标文件范本》(2019 年版)

(16)《广西壮族自治区房屋建筑和市政基础设施工程总承包标准招标文件》(2017 年版)

(17)《广西壮族自治区房屋建筑和市政工程监理招标文件范本》(2020 年版)

五、附件

附件一　南宁市房屋建筑和市政工程施工招标文件范本(2019年修改版)招标公告

______________(项目名称)______________施工招标公告

1. 招标条件

本招标项目______________(项目名称)已由______________(项目审批、核准或备案机关名称)以__________(批文名称、文号、项目代码)批准建设,招标人(项目业主)为__________,建设资金来自__________(资金来源),项目出资比例为__________。项目已具备招标条件,现对该项目的施工进行公开招标。

2.项目概况与招标范围

项目招标编号:

报建号(如有):

建设地点:

建设规模:

合同估算价:

要求工期:_______日历天,定额工期_______日历天【备注:建筑安装工程定额工期应按《建筑安装工程工期定额(TY01-89-2016)》确定,工期压缩时,宜组织专家论证,且在招标工程量清单中增设提前竣工(赶工补偿)费项目清单】

招标范围:

标段划分:

设计单位:

勘察单位:

3.投标人资格要求

3.1　本次招标要求投标人须已办理诚信库入库手续并处于有效状态,具备________资质【备注:招标人应当根据国家法律法规对企业资质等级许可的相关规定以及招标项目特点,合理设置企业资质等级,不得提高资质等级要求;资质设置为施工总承包已可满足项目建设要求的,不得额外同时设置专业承包资质】,并在人员、设备、资金等方面具备相应的施工能力。其中,投标人拟派项目经理须具备________专业____级以上(含本级)注册建造师执业资格【备注:招标人应当根据项目规模,按照注册建造师执业工程规模标准,合理设置注册建造师等级,不应提高资格要求】,已录入广西建筑业企业诚信信息库并处于有效状态,具备有效的安全生产考核合格证书(B类)。本项目不接受有在建、已中标未开工或已列为其他项目中标候选人第一名的建造师作为项目经理(符合《广西壮族自治区建筑市场诚信卡管理暂行办法》第十六条第一款除外)。

3.2　业绩要求:□无要求　□有要求,要求_____年(应填写年份)以来□完成过质量合格的类似工程业绩 □承接过类似工程业绩,类似工程指:__________________。

3.3　本次招标_____(接受或不接受)联合体投标。联合体投标的,应满足下列要求:__________
______________________________________。

3.4　各投标人可就本招标项目的所有标段进行投标,并允许中标所有标段。但投标人应就不同标段派出不同的项目经理和项目专职安全员,否则同一项目经理或项目专职安全员所投其他标段作否决投标处理(符合桂建管〔2013〕17号和桂建管〔2014〕25号文除外)。

续表

3.5　根据最高人民法院等9部门《关于在招标投标活动中对失信被执行人实施联合惩戒的通知》(法〔2016〕285号)规定,投标人不得为失信被执行人(以评标阶段通过"信用中国"网站查询的结果为准)。

根据《广西壮族自治区建筑市场主体"黑名单"管理办法(试行)》(桂建发【2018】5号)规定,投标人、拟派项目经理不得为建筑市场主体"黑名单"(以评标阶段通过建筑市场监管与诚信信息一体化平台查询的结果为准)【备注:此款可由招标人自主选择,如不采用,还须向本项目招标的监督部门说明理由】。

3.6　投标人信息以广西建筑业企业诚信信息库为准。

4.招标文件的获取

______年____月____日____时____分至投标文件递交的截止时间止(不少于20日),由潜在投标人的专职投标员凭本人的身份证证号及密码或企业CA锁登录南宁市公共资源交易平台免费下载招标文件。

5.投标文件的递交

5.1　投标文件应通过广西电子招标投标系统提交,截止时间(投标截止时间,下同)为________年______月______日______时______分。未加密的电子投标文件光盘提交地点为南宁市公共资源交易中心(当地交易中心)。

5.2　投标人须在投标截止前将加密的投标文件通过南宁市公共资源交易平台成功上传,并将与成功上传的投标文件同一时间生成的未加密投标文件电子文本刻录光盘包装密封后,于投标截止前由企业法定代表人或其授权的专职投标员提交到南宁市良庆区玉洞大道33号南宁市民中心南宁市公共资源交易中心开标厅(具体详见9楼电子显示屏信息)(当地交易中心),并持专职投标员本人身份证原件(如为法定代表人递交时可持本人身份证原件及本企业任一专职投标员的身份证复印件)、拟投入的项目经理和所有专职安全员的身份证复印件通过广西电子招标投标系统验证,否则投标无效。投标人拟投入项目经理被标注为注册状态异常的,拟投入的项目经理本人须持本人身份证原件出席开标会现场,否则招标人有权拒绝该投标人投标。

6.评标方式

□经评审的合理低价法　□综合评估法

7.预付款和进度款支付方式【备注:该项为可选项】

预付款支付比例或金额:

进度款支付方式:合同内按工程计量周期内完成工程量的__________,合同外按工程计量周期完成工程量的______________。

8.发布媒介

本次招标公告同时在广西壮族自治区招标投标公共服务平台、南宁市公共资源交易中心网(公告发布媒体包含但不限于上述媒体)发布。(备注:实行招标投标的政府采购工程项目还应当同时在中国政府采购网、广西壮族自治区政府采购网上发布)。

9.交易服务单位

10.监督部门及电话

南宁市住房和城乡建设局,监督电话:0771-5535031。

11.注意事项

11.1　潜在投标人必须录入广西建筑业企业诚信信息库管理系统。由于广西建筑业企业诚信信息库与自治区招标投标系统的相关信息同步存在时间差(非实时同步,每天晚上同步一次),因此投标人应至少提前2天将所需投标材料在诚信库内审核通过。

续表

<table>
<tr><td colspan="2">11.2　投标人须办理企业 CA 锁后并确保在有效期内才能进行制作投标文件及上传投标文件等业务。未办理企业 CA 锁的单位,请到＿（数字认证中心名称）＿办理,客服电话:＿＿＿＿。
12.联系方式</td></tr>
<tr><td>招 标 人:＿＿名称(及盖章)＿＿
地　　址:＿＿＿＿＿＿
邮　　编:＿＿＿＿＿＿
联 系 人:＿＿＿＿＿＿
电　　话:＿＿＿＿＿＿
传　　真:＿＿＿＿＿＿
电子邮箱:＿＿＿＿＿＿
网　　址:＿＿＿＿＿＿</td><td>招标代理机构:＿＿名称(及盖章)＿＿
地　　址:＿＿＿＿＿＿
邮　　编:＿＿＿＿＿＿
联 系 人:＿＿＿＿＿＿
电　　话:＿＿＿＿＿＿
传　　真:＿＿＿＿＿＿
电子邮箱:＿＿＿＿＿＿
网　　址:＿＿＿＿＿＿</td></tr>
<tr><td colspan="2">＿＿＿＿年＿＿＿月＿＿＿日</td></tr>
</table>

备注:

1.投标人资质条件。招标人应当根据国家法律法规对企业资质等级许可的相关规定及招标项目特点,合理设置企业资质等级和类似工程业绩要求,招标项目特点与企业资质等级及业绩要求应相一致,不得提高资质等级要求。对投标人资质条件要求原则上遵循以下规定:资质设置为施工总承包已可满足项目建设要求的,不得额外同时设置专业承包资质等级;招标项目所需企业资质等级已是最低级别的,不应设置业绩要求。企业已竣工工程业绩取自广西建筑业企业诚信信息库。原则上代表业绩的工程应为已竣工工程,如招标人选择接受在建工程作为业绩的,应约定在建工程业绩以投标文件中提供的“业绩(在建工程)”为准,并应按约定在投标文件组成的“业绩(在建工程)”节点上传相关证明材料的原件扫描件,时间的限定一般为近三年。类似工程的规模(总投资及建筑面积)应不超过本项目规模。

2.建造师资格。招标人应当根据项目规模,按照注册建造师执业工程规模标准,合理设置注册建造师等级,不应提高资格要求。

附件二　广西壮族自治区房屋建筑和市政工程施工招标文件范本(2019 年版)施工招标公告

<table>
<tr><td>＿＿＿＿＿＿（项目名称）＿＿＿＿＿＿施工招标公告
1.招标条件
本招标项目＿＿＿＿＿＿(项目名称)已由＿＿＿＿＿＿(项目审批、核准或备案机关名称)以＿＿＿＿＿(批文名称、文号、项目代码)批准建设,招标人(项目业主)为＿＿＿＿＿＿,建设资金来自＿＿＿＿＿(资金来源),项目出资比例为＿＿＿＿＿。项目已具备招标条件,现对该项目的施工进行公开招标。
2.项目概况与招标范围
项目招标编号:
报建号(如有):
建设地点:
建设规模:
合同估算价:
要求工期:＿＿＿＿日历天,定额工期＿＿＿日历天【备注:建筑安装工程定额工期应按《建筑安装工程工期定额(TY01-89-2016)》确定,工期压缩时,宜组织专家论证,且在招标工程量清单中增设提前竣工(赶工补偿)费项目清单】</td></tr>
</table>

续表

招标范围：
标段划分：
设计单位：
勘察单位：

3.投标人资格要求

3.1　本次招标要求投标人须已办理诚信库入库手续并处于有效状态，具备＿＿＿＿＿资质【备注：招标人应当根据国家法律法规对企业资质等级许可的相关规定以及招标项目特点，合理设置企业资质等级，不得提高资质等级要求；资质设置为施工总承包已可满足项目建设要求的，不得额外同时设置专业承包资质】，并在人员、设备、资金等方面具备相应的施工能力。其中，投标人拟派项目经理须具备＿＿＿＿＿专业＿＿级以上（含本级）注册建造师执业资格【备注：招标人应当根据项目规模，按照注册建造师执业工程规模标准，合理设置注册建造师等级，不应提高资格要求】，已录入广西建筑业企业诚信信息库并处于有效状态，具备有效的安全生产考核合格证书（B类）。本项目不接受有在建、已中标未开工或已列为其他项目中标候选人第一名的建造师作为项目经理（符合《广西壮族自治区建筑市场诚信卡管理暂行办法》第十六条第一款除外）。

3.2　业绩要求：□无要求　□有要求，要求＿＿年（应填写年份）以来□完成过质量合格的类似工程业绩 □承接过类似工程业绩，类似工程指：＿＿＿＿＿＿＿＿＿＿＿＿＿＿。

3.3　本次招标＿＿＿（接受或不接受）联合体投标。联合体投标的，应满足下列要求：＿＿＿＿＿＿＿＿＿＿＿＿＿＿＿＿＿＿＿＿＿＿＿＿。

3.4　各投标人可就本招标项目的所有标段进行投标，并允许中标所有标段。但投标人应就不同标段派出不同的项目经理和项目专职安全员，否则同一项目经理或项目专职安全员所投其他标段作否决投标处理（符合桂建管〔2013〕17号和桂建管〔2014〕25号文除外）。

3.5　根据最高人民法院等9部门《关于在招标投标活动中对失信被执行人实施联合惩戒的通知》（法〔2016〕285号）规定，投标人不得为失信被执行人（以评标阶段通过"信用中国"网站查询的结果为准）。

根据《广西壮族自治区建筑市场主体"黑名单"管理办法（试行）》（桂建发【2018】5号）规定，投标人、拟派项目经理不得为建筑市场主体"黑名单"（以评标阶段通过建筑市场监管与诚信信息一体化平台查询的结果为准）【备注：此款可由招标人自主选择，如不采用，还须向本项目招标的监督部门说明理由】。

3.6　投标人信息以广西建筑业企业诚信信息库为准。

4.招标文件的获取

＿＿＿年＿＿月＿＿日＿＿时＿＿分至投标文件递交的截止时间止（不少于20日），由潜在投标人的专职投标员凭本人的身份证证号及密码或企业CA锁登录＿＿＿＿＿＿（广西电子招标投标系统网站）免费下载招标文件。

5.投标文件的递交

5.1　投标文件应通过广西电子招标投标系统提交，截止时间（投标截止时间，下同）为＿＿＿＿年＿＿＿月＿＿＿日＿＿＿时＿＿＿分。未加密的电子投标文件光盘提交地点为＿＿＿＿＿＿＿＿＿＿＿＿＿＿＿＿＿（当地交易中心）。

5.2　投标人须在投标截止前将加密的投标文件通过广西电子招标投标系统成功上传，并将与成功上传的投标文件同一时间生成的未加密投标文件电子文本刻录光盘包装密封后，于投标截止前由企业法定代表人或其授权的专职投标员提交到＿＿＿＿＿＿＿＿（当地交易中心），并持专职投标员本人身份证原件（如为法定代表人递交时可持本人身份证原件及本企业任一专职投标员的身份证复印件）、拟投入的项目经理和所有专职安全员的身份证复印件通过广西电子招标投标系统验证，否则投标无效。投标人拟投入项目经理被标注为注册状态异常的，拟投入的项目经理本人须持本人身份证原件出席开标会现场，否则招标人有权拒绝该投标人投标。

6.评标方式

□经评审的合理低价法　□综合评估法

续表

7.预付款和进度款支付方式【备注:该项为可选项】

预付款支付比例或金额:

进度款支付方式:合同内按工程计量周期内完成工程量的________,合同外按工程计量周期完成工程量的________。

8.发布媒介

本次招标公告同时在广西壮族自治区招标投标公共服务平台、(当地交易中心网站及广西电子招标投标系统网站)(公告发布媒体包含但不限于上述媒体)发布。(备注:实行招标投标的政府采购工程项目还应当同时在中国政府采购网、广西壮族自治区政府采购网上发布)。

9.交易服务单位

10.监督部门及电话

11.注意事项

11.1 潜在投标人必须录入广西建筑业企业诚信信息库管理系统。由于广西建筑业企业诚信信息库与自治区招标投标系统的相关信息同步存在时间差(非实时同步,每天晚上同步一次),因此投标人应至少在开标时间2天前将所需投标材料在诚信库内审核通过。

11.2 投标人须办理企业CA锁后并确保在有效期内才能进行网上下载招标文件、制作投标文件及上传投标文件等业务。未办理企业CA锁的单位,请到 (数字认证中心名称) 办理,客服电话:________。

12.联系方式

招 标 人: 名称(及盖章)	招标代理机构: 名称(及盖章)
地 址:	地 址:
邮 编:	邮 编:
联 系 人:	联 系 人:
电 话:	电 话:
传 真:	传 真:
电子邮箱:	电子邮箱:
网 址:	网 址:

____年____月____日

备注:

1.投标人资质条件。招标人应当根据国家法律法规对企业资质等级许可的相关规定及招标项目特点,合理设置企业资质等级和类似工程业绩要求,招标项目特点与企业资质等级及业绩要求应相一致,不得提高资质等级要求。对投标人资质条件要求原则上遵循以下规定:资质设置为施工总承包已可满足项目建设要求的,不得额外同时设置专业承包资质等级;招标项目所需企业资质等级已是最低级别的,不应设置业绩要求。企业已竣工工程业绩取自广西建筑业企业诚信信息库。原则上代表业绩的工程应为已竣工工程,如招标人选择接受在建工程作为业绩的,应约定在建工程业绩以投标文件中提供的"业绩(在建工程)"为准,并应按约定在投标文件组成的"业绩(在建工程)"节点上传相关证明材料的原件扫描件,时间的限定一般为近三年。

2.建造师资格。招标人应当根据项目规模,按照注册建造师执业工程规模标准,合理设置注册建造师等级,不应提高资格要求。

附件三　广西壮族自治区房屋建筑和市政基础设施工程总承包标准招标文件(2017年版)工程总承包招标公告

＿＿(项目名称)＿＿工程总承包招标公告

1.招标条件

本招标项目＿＿＿＿＿＿(项目名称)工程已由＿＿＿＿＿＿(项目审批、核准或备案机关名称)以＿＿＿＿＿＿(批文名称及编号)批准建设,招标人(项目业主)为＿＿＿＿＿＿,建设资金来自＿＿＿＿＿＿(资金来源),项目出资比例为＿＿＿＿。项目已具备招标条件,现对该项目的□勘察、□设计、□采购、□施工、□竣工验收(或试运行)进行公开招标。

2.项目概况与招标范围

2.1　项目概况

建设地点:

建设规模:

合同估算价:

计划工期:本项目总工期(指自签订总承包合同之日起到工程交付业主使用之日期间的工期,包括 □勘察设计工期、采购工期、施工工期、验收工期、办理相关手续的工期等 □勘察设计工期、施工工期、验收工期、办理相关手续的工期等)为＿＿天(日历天)。其中,房屋建筑工程的施工工期压缩时,宜组织专家论证,且在工程量清单中增设提前竣工(赶工补偿)费项目清单。项目建设工期预计从＿＿＿年＿＿月至＿＿＿年＿＿月。

2.2　招标范围:

2.3　本项目　□要求　□不要求采用装配式技术。

2.4　本项目　□要求　□不要求采用建筑信息模型(BIM)技术。

3.投标人资格要求

3.1　本次招标要求投标人同时具备＿工程设计＿级及以上资质和＿施工总承包＿级及以上资质【备注:招标人应当根据国家法律法规对企业资质等级许可的相关规定以及招标项目特点,合理设置企业资质等级,不得提高资质等级要求】,具有有效的安全生产许可证,并在人员、设备、资金等方面具备相应的履约能力。投标人(如为联合体投标的要求其联合体中施工单位)须符合《广西壮族自治区建筑市场诚信卡管理暂行办法》(桂建管〔2013〕17号)和《关于加强广西建筑业企业诚信信息库日常维护管理的通知》(桂建管〔2014〕25号)的规定,已办理诚信库入库手续并处于有效状态。

3.2　主要负责人员要求:

3.2.1　项目总负责人:＿＿＿＿＿＿【备注:建议招标人可选择与工程规模相适应的注册建筑师、注册结构工程师、注册建造师等作为项目总负责人】。

3.2.2　项目设计负责人:具有＿＿级注册建筑师证书和＿＿级职称。

3.2.3　项目采购负责人(如有):＿＿＿＿【备注:建议招标人自行确定】。

3.2.4　项目经理:具有＿＿＿＿专业的＿＿级以上(含＿＿级)注册建造师证书和＿＿级及以上职称,具备有效的广西建筑市场诚信卡和安全生产考核合格证书(B类)。本项目不接受有在建、已中标未开工或已列为其他项目中标候选人第一名的建造师作为项目经理(符合《广西壮族自治区建筑市场诚信卡管理暂行办法》第十六条第一款除外)。

3.2.5　项目施工专职安全员:具备有效的广西建筑市场诚信卡和专职安全员安全生产考核合格证书(C类)。

3.3　本次招标接受联合体投标。联合体投标的,应满足下列要求:

3.3.1　本项目接受联合体投标。联合体成员可由设计单位和施工单位组成,联合体各方均应符合“具有独立法人资格”“具有独立承担民事责任的能力”的条件,其中施工单位须具备有效的安全生产许可证。

3.3.2　联合体各方应当签订联合体协议书,其中联合体牵头人代表联合体各方成员负责投标和合同实施阶段的主办、协调工作,但联合体其他成员在投标、签约与履行合同过程中,仍负有连带的和各自的法律责任。

续表

3.3.3　组成联合体进行投标的设计或施工单位不得再以自己的名义单独参与同一标段的投标，也不得组成新的联合体参与同一标段的投标。

3.3.4　联合体各方应分别在人员、设备、资金等方面具有承担本项目联合体协议书分工职责范围内的履约能力。

3.3.5　联合体中有同类资质的企业按照联合体协议书分工承担相同工作的，应当按照资质等级较低的企业确定联合体资质等级。

3.4　各投标人可就本招标项目的所有标段进行投标，并允许中标所有标段。但投标人应就不同标段派出不同的项目经理和项目施工专职安全员，否则同一项目经理或项目施工专职安全员所参与其他标段作否决投标处理（符合桂建管〔2013〕17号和桂建管〔2014〕25号文除外）。

3.5　投标人（如为联合体投标的要求其联合体中施工单位）信息以广西建筑业企业诚信信息库为准。

4.投标报名

□现场报名。凡有意参加投标者，请于______年____月____日至______年____月____日（法定公休日、法定节假日除外），每日上午____时至____时，下午____时至____时（北京时间，下同），由潜在投标人（如为联合体投标的要求其联合体中施工单位）的专职投标员出示本人的“广西建筑市场诚信卡”在________（交易中心）进行现场报名【备注：鼓励采用匿名方式进行现场报名】。

□网上报名。凡有意参加投标者，请于______年____月________日____时____分至______年____月____日____时____分（法定公休日、法定节假日除外），由潜在投标人（如为联合体投标的要求其联合体中施工单位）的专职投标员凭本人的“广西建筑市场诚信卡”卡号及密码或企业 CA 锁登录________（交易中心网站）进行网上报名。

5.招标文件的获取

5.1　□凡通过现场报名者，请于______年____月____日至______年____月____日（不少于5个工作日），每日上午____时至____时，下午____时至____时，由潜在投标人（如为联合体投标的要求其联合体中施工单位）的专职投标员出示本人的“广西建筑市场诚信卡”在____________（交易中心）购买招标文件【备注：鼓励采用匿名方式购买招标文件】。

□凡通过网上报名者，请于______年____月____日____时____分至____年____月____日____时____分（不少于5个工作日），由潜在投标人（如为联合体投标的要求其联合体中施工单位）的专职投标员凭本人的“广西建筑市场诚信卡”卡号及密码或企业 CA 锁登录____________（交易中心网站）购买招标文件。

5.2　招标文件（不含技术资料）每套售价________元，售后不退【备注：招标文件售价应当限于补偿印刷的成本支出，不得以营利为目的】。

5.3　技术资料押金________元。【备注：技术资料的发放须进入当地指定的交易中心，退还技术资料同时退还押金。技术资料押金须于发出中标通知书5日内退还投标人】。

6.投标文件的递交

6.1　投标文件递交的截止时间（投标截止时间，下同）为______年____月____日____时____分，地点为____________________（交易中心）。

6.2　逾期送达的或者未送达指定地点的投标文件，招标人不予受理。

6.3　投标文件必须由投标人（如为联合体投标的要求其联合体中施工单位）的专职投标员本人递交，并持专职投标员本人、拟投入的项目经理和专职施工安全员的“广西建筑市场诚信卡”刷卡通过验证，否则招标人不予受理。

7.评标方式

综合评估法。

8.预付款和进度款支付方式

预付款支付比例或金额：

进度款支付方式：合同内按工程计量周期内完成工程量的__________，合同外按工程计量周期完成工程量的______________。

续表

9.发布公告的媒介

本次招标公告同时在中国采购与招标网、广西壮族自治区招标投标公共服务平台、(本级工程建设信息网或公共资源交易平台网站)(公告发布媒体包含但不限于上述媒体)发布。【备注:属于政府采购项目的,招标公告还应在相应的政府采购指定媒体上发布】

10.交易服务单位

11.监督部门及电话

12.联系方式

招标人:________________	招标代理机构:
地　　址:________________	地　　址:________________
邮　　编:________________	邮　　编:________________
联系人:________________	联系人:________________
电　　话:________________	电　　话:________________
传　　真:________________	传　　真:________________
电子邮箱:________________	电子邮箱:________________
	开户银行:________________
	账　　号:________________

年　　月　　日

备注:投标人资质条件。

1.招标人应根据国家法律法规对企业资质等级许可的相关规定以及招标项目特点,合理设置企业资质等级要求,招标项目特点与企业资质等级要求应相一致,不得提高资质等级要求。

2.投标人可为同时具备设计、施工总承包资质的一家单位,也可为由具备设计资质及施工总承包资质的单位组成的联合体(现阶段联合体成员单位限两家),联合体投标人的设计资质以负责设计内容的成员单位的设计资质及等级为准,联合体投标人的施工资质以负责施工内容的成员单位的施工总承包资质及等级为准。

3.投标人(包括联合体成员单位)不得是项目的前期咨询单位、代建单位、监理单位、第三方项目管理单位。

4.具备施工总承包资质的单位要求已按广西规定办理诚信入库手续并处于有效状态。

5.本《总承包标准招标文件(2017年版)》的工程总承包项目根据项目实际情况设置以下主要项目管理人员:

(1)项目总负责人。是指承包人指定代表承包人履行义务的负责人,对承包人所承接工作内容全面负责。

(2)项目设计负责人。是指承包人指定负责组织指导协调设计工作并具有相应资格的人员。

(3)项目经理。是指承包人指定负责组织指导协调施工工作并具有相应资格的人员,是施工单位法定代表在工程项目上的代表人。

(4)项目采购负责人。是指承包人指定负责组织协调采购工作的人员。

(5)项目施工专职安全员。是指承包人指定专门负责项目施工过程安全管理并具有相应资格的人员。

以上人员所需具备的相应资格及职称要求在招标公告和投标人须知前附表中由招标人确定。

附件四　广西壮族自治区房屋建筑和市政工程监理招标文件范本(2020年版)招标公告

________(项目名称)________招标公告

1.招标条件

本招标项目________(项目名称)已由________(项目审批、核准或备案机关名称)以________(批文名称、文号、项目代码)批准建设,本次招标的项目为该工程建设项目的监理招标,招标人(项目业主)为________,建设资金来自________(资金来源),项目出资比例为________。项目已具备招标条件,现对该工程的________阶段监理服务进行公开招标。

2.项目概况与招标范围

项目招标编号:

建设地点:

建设规模:

项目概算投资额(或建筑安装工程费):

工程施工工期:________日历天

监理服务周期:________日历天

质量要求:

标段划分:(如有)

招标范围:□施工阶段监理【备注:为必选项】　□保修阶段监理。

设计单位(如有):

3.投标人资格要求

3.1　本次招标要求投标人须已办理诚信库入库手续并处于有效状态,具备住房城乡建设行政主管部门颁发的__(专业和等级)__资质【*备注:招标人应当根据国家法律法规对企业资质等级许可的相关规定以及招标项目特点,合理设置企业资质等级,不得提高资质等级要求*】,并在人员、资金等方面具备相应的工程监理能力。其中投标人拟派总监理工程师须具备国家注册监理工程师执业资格证(________注册专业),并已录入广西建筑业企业诚信信息库并处于有效状态(不接受存在以下任一种情形的项目总监:1.在广西行政区域外有担任项目总监的在监项目;2.在广西全区范围内已经担任项目总监和已列为第一中标候选人项目总监的工程总数达到3个的)。

3.2　业绩要求:□无要求　□有要求,要求____年(应填写年份)以来□完成过质量合格的类似工程业绩 □承接过类似工程业绩,类似工程指:________。

3.3　本次招标________(接受或不接受)联合体投标。联合体投标的,应满足下列要求________。

3.4　各投标人可就本招标项目的所有标段进行投标,并允许中标其中□一个/□多个/□所有标段(由招标人事先确定)。投标人应就不同标段派出不同的项目专职监理人员(符合桂建管〔2016〕70号文除外)。

3.5　其他要求:________。

4.招标文件的获取

____年____月____日____时____分至投标文件提交的截止时间止(不少于20日),由潜在投标人登录________(广西壮族自治区公共资源交易中心网站)免费下载招标文件。

5.投标文件的提交

5.1　投标文件应通过广西壮族自治区公共资源交易平台系统提交,截止时间(投标截止时间,下同)为____年____月____日____时____分。

续表

5.2　投标人须在投标截止前将加密的投标文件通过广西壮族自治区公共资源交易平台系统成功上传，于投标截止前由企业法定代表人或其专职投标员本人提交到 ________ 当地交易中心 ________，并持专职投标员本人身份件原件（如为法定代表人递交时可持本人身份证原件、法定代表人身份证明及本企业任一专职投标员的复印件）通过广西壮族自治区公共资源交易平台系统验证，或者于投标截止前由专职投标员登录广西壮族自治区公共资源交易平台系统网上开标室，采用身份证号签到，并通过广西壮族自治区公共资源交易平台系统验证，否则投标无效。投标单位在制作电子投标文件过程中，须在弹出的输入框中填写拟投入的项目主要管理人员身份证信息并仔细确认。拟投入的项目总监理工程师在投标文件解密环节通过系统自动验证，否则投标无效。投标人拟投入项目总监理工程师被标注为注册状态异常的，拟投入的项目总监理工程师本人须持本人身份证原件出席开标会现场，否则招标人有权拒绝该投标人投标。

6.发布媒介

本次招标公告同时在广西壮族自治区招标投标公共服务平台、（当地交易中心网站及广西壮族自治区公共资源交易平台系统网站）（公告发布媒介包含但不限于上述媒介）发布。（备注：实行招标投标的政府采购工程项目还应当同时在中国政府采购网、广西壮族自治区政府采购网上发布）。

7.交易服务单位

8.监督部门及电话

9.注意事项

潜在投标人必须录入广西建筑业企业诚信信息库管理系统。由于广西建筑业企业诚信信息库与广西壮族自治区公共资源交易平台系统的相关信息同步存在时间差（非实时同步，每天晚上同步一次），因此投标人应至少在开标时间 2 天前将所需投标材料在诚信库内审核通过。

10.联系方式

招 标 人：　名称（及盖章）	招标代理机构：　名称（及盖章）
地　　址：________	地　　址：________
邮　　编：________	邮　　编：________
联 系 人：________	联 系 人：________
电　　话：________	电　　话：________
传　　真：________	传　　真：________
电子邮箱：________	电子邮箱：________
网　　址：________	网　　址：________

年　　月　　日

备注：关于施工阶段监理服务期的设置要求，施工阶段监理服务期限应为自委托人通知监理进场之日始至工程竣工验收合格之日止，原则上招标人应设定为与所监理项目的施工工期一致，特殊情况下监理服务期均不得超过施工工期的 110%；如超过施工工期的 110%，监理服务期相应延长但要追加延期费用。

模块三
模拟编写资格审查申请文件

资格审查申请文件，是工程投标文件的重要组成部分，是招标人对潜在投标人的经营范围、专业资质、财务状况、技术能力、管理能力、业绩、信誉等多方面进行评估审查，也是衡量投标人是否具有投标资格和完成招标项目能力的重要文件。资格审查方式通常分为资格预审和资格后审。资格后审是工程施工领域招标项目广泛采用的一种方式，它是开标后的初步评审阶段，评标委员会根据招标文件规定的投标资格条件对投标人资格进行评审。资格后审方法比较适合于潜在投标人数量不多的招标项目。资格后审文件能否通过审查，关系着投标文件最终能否参加开标、评标。为此，投标人必须高度重视资格审查申请文件的编写。本模块将招标文件中的资格审查部分分离，学生以模块一设立的房屋建筑工程施工企业作为投标人，根据招标文件的要求，编写出合格的资格审查申请文件，为下一步编写投标文件打下坚实的基础。

一、预备知识

1.资格审查的程序

(1)资格预审：

①组建资格审查委员会；

②初步审查；

③详细审查；

④澄清；

⑤评审；

⑥编写审查报告；

⑦通过评审的申请人名单确定。

招标人通过资格预审，能够了解潜在投标人的资质等级情况，掌握其业务承包的范围和规模，了解其技术力量以及近几年来的工程业绩情况、财务状况、履约能力、信誉情况，可以排除不具备相应资质和技术力量、没有相应的业务经营范围、财务状况和企业信誉很差、不具备履约能力的投标人参与竞争，以降低招标成本、提高招标效率。

(2)资格后审。资格后审一般在评标过程中的初步评审阶段进行。对投标人资格要求的审查内容、评审方法和标准与资格预审基本相同，评审工作由招标人依法组建的评标委员会负责。

2.资格审查的注意事项

(1)招标人的代表应具有完成该相应项目资格审查的业务素质和能力。

(2)招标人代表人数不能超过资质审查委员会成员的1/3,有关技术、经济等方面的专家应当从事相关领域工作满8年,并具有高级职称或者具有同等专业水平,不得少于成员总数的2/3。

(3)申请人的澄清和说明内容属于资格预审申请文件的组成部分,招标人和审查委员会不接受申请人主动提出的澄清或说明。

(4)评审分合格制和有限数量制。

二、实训任务

模拟编写资格审查申请文件

参考某工程施工招标文件的投标人须知前附表、资格审查标准前附表和安全文明施工措施项目清单(见附件一、附件二、附件三),以模拟设立的施工企业名义参加投标。投标文件格式的一般组成内容包括:投标函及投标函附录、法定代表人身份证明、授权委托书、联合体协议书、投标保证金、已标价工程量清单、施工组织设计、项目管理机构、拟分包项目情况表、资格审查资料、其他材料。根据所给投标文件格式(附件四)编写资格审查申请文件。

三、实训目的

(1)了解资格审查的主要内容、资格审查的方式及评审方法。

(2)掌握资格审查申请文件的步骤和流程。

四、实训要求

(1)教师:就资格审查申请文件的编写进行讲解。主要讲解资格审查标准,以及资格审查不通过的情况。同时,对学生的实训模拟过程中遇到的问题加以指导,帮助学生更加熟练和顺利地完成实训任务。最后总结整个实训模拟的表现情况。

(2)学生:听、看、学、做,按要求完成实训任务。

(3)学生分组:学生根据前一模块的分组,完成本模块的其中一个实训任务。建议模块二推荐为开标、评标、定标组织工作的小组(招标人评委组),担任本实训模块的资格审查小组,在教师的指导下,完成资格审查工作(评审表由招标人评委组根据评审标准自行设计)。推荐资格审查合格且排名靠前的9个小组进入下一阶段的投标工作。

(4)提交作业:合格的资格审查申请文件。

(5)成绩评定:教师可根据学生实训表现及成果,综合评定每个同学的成绩,分别评定为优秀、良好、中等、及格和不及格。

(6)特别说明:投标人模拟编制的资格审查申请文件中所有扫描件,均视同已录入广西建筑业企业诚信信息库;本项目不做联合体投标实训,所有模拟投标企业均不组织联合体;递交投标保证金环节实训,将在下一环节中完成,本模块所有投标人视同足额缴纳了投标保证金。

五、参考法律法规及相关规定

(1)《中华人民共和国招标投标法》(2017 修正)
(2)《中华人民共和国招标投标法实施条例》(2019 修订)(国务院令第 709 号)
(3)《中华人民共和国建筑法》(2019 修正)
(4)《标准施工招标资格预审文件》(2013 修正)
(5)《建筑业企业资质管理规定》(住房和城乡建设部第 159 号令)
(6)《建筑业企业资质标准》(建市〔2016〕159 号)
(7)《房屋建筑和市政基础设施工程施工招标投标管理办法》(2019 修正)
(8)《南宁市房屋建筑和市政工程施工招标文件范本》(2019 年版)

六、附件

附件一　某项目投标人须知前附表

投标人须知

投标人须知前附表

条款号	条款名称	编列内容
1.1.1	招标人	名称:广西 ** 有限公司　地址:南宁市 ** 联系人: ** 电话:0771- ***　电子邮箱:
1.1.2	招标代理机构	名称:广西 ** 有限公司　地址:南宁市 ** 联系人: ** 电话:0771- ** 电子邮箱:
1.1.3	项目名称及项目招标编号	广西 ** 区 I 期(地块三)主体施工　　**
1.1.4	建设地点	南宁市 **
1.2.1	资金来源	自筹
1.2.2	出资比例	100%
1.2.3	资金落实情况	已落实
1.2.4	本工程增值税计税方法	☑一般计税法　　□简易计税法 备注:根据《关于全面推开营业税改征增值税试点的通知》(财税〔2016〕36 号)、《关于建筑服务等营改增试点政策的通知》(财税〔2017〕58 号)文件规定选择
1.3.1	招标范围	包括土建工程、结构工程、电气工程、给排水工程、通风工程、消防工程、土方工程、室外给排水工程、室外电气工程、景观绿化、智能安防系统工程等,具体以经审查备案施工图纸及工程量清单为准。

续表

条款号	条款名称	编列内容
1.3.2	要求工期	要求工期:1 200 日历天 定额工期:1 200 日历天 **备注:建筑安装工程定额工期应按《建筑安装工程工期定额(TY01-89-2016)》确定,工期压缩时,宜组织专家论证,且在招标工程量清单中增设提前竣工(赶工补偿)费项目清单。** 计划开工日期:2020 年 * 月 * 日 计划竣工日期:2023 年 * 月 * 日 除上述总工期外,发包人还要求以下区段工期: （此项可选）。有关工期的详细要求见第八章“技术标准和要求”。
1.3.3	质量要求	质量标准:合格
1.4.1	投标人资质条件、能力、诚信要求	(1)资质条件: [建筑工程施工总承包二级](含)以上 (2)财务要求:2017 年至 2019 年经审计的财务报表(以广西建筑业企业诚信信息库为准) 备注:对于从取得营业执照时间起到投标截止时间为止不足要求年数的企业,只需提交企业取得营业执照年份至所要求最近年份经审计的财务报表。 (3)业绩要求:2017 年 1 月至投标截止日期止企业: ☑完成过质量合格的类似工程项目(已竣工工程业绩以广西建筑业企业诚信信息库为准) ☐承接过类似工程项目(在投标文件组成的“业绩(在建工程)”节点上传相关证明材料的原件扫描件)。(此项可选) (4)诚信要求:根据最高人民法院等 9 部门《关于在招标投标活动中对失信被执行人实施联合惩戒的通知》(法〔2016〕285 号)规定,投标人不得为失信被执行人(以评标阶段通过“信用中国”网站查询的结果为准); 根据《广西壮族自治区建筑市场主体“黑名单”管理办法(试行)》(桂建发【2018】5 号)规定,投标人不得为建筑市场主体“黑名单”(以评标阶段通过建筑市场监管与诚信信息一体化平台查询的结果为准) 备注:此款可由招标人自主选择,如不采用,须向本项目招标的监督部门说明理由。

续表

条款号	条款名称	编列内容
1.4.1	投标人资质条件、能力、诚信要求	投标人企业和拟投入项目经理及专职安全员的广西建筑市场诚信信息未被锁定。 (5)项目经理资格:建筑工程专业壹级以上(含本级)注册建造师执业资格,已录入广西建筑业企业诚信信息库并处于有效状态,具备有效的安全生产考核合格证书(B类)。本项目不接受有在建、已中标未开工或已列为其他项目中标候选人第一名的建造师作为项目经理(符合《广西壮族自治区建筑市场诚信卡管理暂行办法》第十六条第一款除外)。 (6)专职安全员要求:专职安全员须已录入广西建筑业企业诚信信息库并处于有效状态,具备有效的建筑施工企业三类人员C证,人数符合住房和城乡建设部《建筑施工企业安全生产管理机构设置及专职安全生产管理人员配备办法》(建质〔2008〕91号)的规定不少于3人。 备注:以上条件要求的投标人信息,如无特别出处要求的,一律以广西建筑业企业诚信信息库通过审核的信息为准。 (7)其他要求:无
1.4.2	是否接受联合体投标	接受。 联合体应按项目情况采取以下两种模式之一: (1)1+1+N模式:第一个1为联合体主办单位,第二个1为联合体主办单位控股且在南宁市注册具备法人资格的下属公司,N为联合体主办单位控股的具备法人资格的下属施工企业或注册地在南宁市的施工企业。 (2)1+N模式:①1为联合体主办单位,N为联合体主办单位控股且在南宁市注册具备法人资格的下属施工企业或者注册地在南宁市的施工企业;②1为注册地在南宁市的联合体主办单位,N为施工企业。 投标人为联合体的,项目经理必须为联合体主办单位(或牵头人)人员,安全员为联合体主办单位(或牵头人)人员或由联合体双方根据工程任务量合理配置。
1.9.1	踏勘现场	不组织
1.10	投标预备会	不召开

续表

条款号	条款名称	编列内容
1.11	分　包	☑不允许 □允许，分包内容要求： 分包金额要求： 接受分包的第三人资质要求：
1.12	偏　离	不允许
2.1.1(10)	构成招标文件的其他材料	招标文件的澄清、修改、补充通知等内容
2.2.1	投标人对招标文件提出异议的截止时间	投标截止时间10日前。投标人不在规定期限内提出，招标人有权不予答复，或答复后投标截止时间由招标人确定是否顺延。 澄清和答复须通过南宁市公共资源交易系统进行。
2.2.2	投标截止时间	2020年*月*日09:30
	招标文件澄清发布方式	在发布媒介上发布
2.2.3	投标人确认收到澄清的方式	澄清文件在本章第2.2.2款规定的网站上发布之日起，视为投标人已收到该澄清。投标人未及时关注招标人在网站上发布的澄清文件造成的损失，由投标人自行负责。
3.1.1	构成投标文件的材料 备注：右栏招标人可根据需要进行增减。	投标文件的组成部分：资格审查部分、商务标部分、技术标部分 一、资格审查部分 备注：以下扫描件均为原件的扫描件： (1)投标人基本情况表(附已录入广西建筑业企业诚信信息库的有效的企业营业执照、企业资质证书副本和安全生产许可证副本等的原件扫描件)； (2)联合体投标协议书(如有)； (3)投标人的基本账户开户许可证的原件扫描件； (4)建设工程项目管理承诺书； (5)项目经理简历表(附已录入广西建筑业企业诚信信息库的项目经理注册建造师执业资格证书和安全生产考核合格证书(B类)的扫描件)；

续表

条款号	条款名称	编列内容
3.1.1	构成投标文件的材料 备注：右栏招标人可根据需要进行增减。	(6)项目技术负责人简历表(附已录入广西建筑业企业诚信信息库的职称证书的扫描件)； (7)已录入广西建筑业企业诚信信息库的安全员的安全生产考核合格证书(C类)的扫描件； (8)已录入广西建筑业企业诚信信息库的专职投标员、项目经理、技术负责人和主要管理人员近3个月(2020年4月至2020年6月)(从取得营业执照时间起到投标截止时间为止不足要求月数的只需提供从取得营业执照起的证明材料)在现任职单位依法缴纳社会保险证明材料的扫描件； (9)资格审查需要的其他材料：项目管理机构配备情况表、拟投入施工机械设备情况表、企业2017年1月至投标截止日期止已完成类似项目一览表(如有)、企业诚信情况一览表(如有)、企业2017年至2019年财务状况表、企业2017年1月至投标截止日期止发生的诉讼和仲裁情况(如有)等。 二、商务标部分 (1)投标函； (2)投标函附录； (3)投标报价表； (4)已标价工程量清单。 三、技术标部分 (1)施工组织设计； (2)拟分包计划表； (3)项目管理机构。

续表

条款号	条款名称	编列内容
3.1.4	近年财务状况的年份要求	一般为近三年,本例指 2017 年度、2018 年度和 2019 年度,(对于从取得营业执照时间起到投标截止时间为止不足要求年数的企业,只需提交企业取得营业执照年份至所要求最近年份经审计的财务报表)。
	近年完成的类似项目的年份要求	2017 年 1 月至投标截止日期止,指项目竣工时间至投标截止时间止不超过 3 年
	近年发生的诉讼及仲裁情况的年份要求	2017 年 1 月至投标截止日期止,指诉讼及仲裁判决时间至投标截止时间止不超过 3 年
3.3.1	投标有效期	□45 天　□60 天　☑90 天
3.4.1	投标保证金 备注:根据《南宁市人民政府办公厅关于印发南宁市政府采购"放管服"改革工作方案的通知》(南府办函〔2019〕24 号)文件要求:停止收取政府投资建设工程(房屋建筑和市政基础设施工程)类项目的投标保证金,政府投资建设工程(房屋建筑和市政基础设施工程)类项目的履约保证金由采购人根据项目特点和企业的诚信记录决定是否收取。	投标保证金的形式:银行转账、电汇或网上支付、银行保函、工程担保、工程保证保险。禁止采用现钞交纳方式。 备注:严禁要求投标人只能以现金方式提交保证金的行为。采用银行保函、工程担保或工程保证保险方式的,必须为无条件保函,保函有效期不得低于投标有效期。 投标保证金的金额:　　元 备注:项目估算价的 2%,且最多不超过 50 万元。 递交方式: 1.使用银行转账时投标保证金必须从投标人的基本账户汇到以下指定的投标保证金专用账户,否则投标无效。 2.投标人使用银行保函、工程担保、工程保证保险等(以下统一简称为保函,下同)递交方式时,投标人将保函原件电子扫描件作为投标文件的组成部分同步上传至南宁市公共资源交易系统,否则投标无效。在投标时间截止时,投标人在开标现场提交单独密封的保函原件,由招标人核验保函信息,确认保函是否有效后交由招标人或当地交易中心管理。投标人提交的保函原件未单独密封的,原件无效的或未能在投标截止时间前现场提交的,投标无效。 3.投标保证金不足额缴纳的,或银行保函(工程担保保函或工程保证保险)额度不足的,其投标无效。

续表

条款号	条款名称	编列内容
3.4.1		账户名称： 开户银行： 银行账号： 南宁市公共资源交易中心负责对投标保证金的递交方式进行解释。
3.5	是否允许递交备选投标方案	不允许
3.6.3	签字和(或)盖章要求	电子投标文件由投标人在招标文件规定的相关位置加盖投标人法人单位及法定代表人电子印章。投标文件未经投标人单位或法定代表人加盖电子印章的,作否决投标处理。
3.6.4	投标文件副本份数	无
3.6.5	投标文件装订要求	按前附表 4.2.1 要求
3.6.6	投标文件编制的其他要求	第一中标候选人必须在评标结果公示期满,无行政管理部门、利害关系人质疑,在接到招标人或招标代理单位通知的三个工作日内,需提供纸质版投标文件份数:一式三份;纸质投标文件是投标人根据招标文件要求编制,采用不褪色的材料书写或打印,每页须加盖单位公章,并按招标文件要求装订的投标文件。
4.2.1	未加密的电子投标文件光盘包装、密封 备注:右栏内容招标人可根据项目实际情况需要增减。	未加密的电子投标文件光盘密封方式:单独放入一个密封袋中,加贴封条,并在封套封口处加盖投标人单位章,在封套上标记“电子投标文件”字样,在投标截止前提交。 (由投标人自行选择是否提交未加密的电子投标文件光盘,但不提交未加密的电子投标文件光盘的,不作为否决条件;如出现招标文件投标须知正文 5.3 情形时,投标人未在投标截止时间前递交电子光盘的,自行承担后果)
4.2.2	未加密的电子投标文件光盘密封封套上写明 备注:右栏内容招标人可根据项目实际情况需要增减。	项目招标编号： 招标人的地址： 招标人名称： 标段(如有多个标段时)： ____________________(项目名称)投标文件

续表

条款号	条款名称	编列内容
4.2.2		投标人地址： 投标人名称： 在________年____月____日____时____分前不得开启
4.3.2	递交投标文件地点	电子投标文件由各投标人在投标时间截止前自行在南宁市公共资源交易中心系统上传； 未加密的电子投标文件光盘现场提交地点： 南宁市良庆区玉洞大道33号南宁市民中心南宁市公共资源交易中心开标厅(具体详见9楼电子显示屏安排)。
4.3.3	是否退还投标文件	否
5.1	开标时间和地点	开标时间:同投标截止时间 开标地点:南宁市良庆区玉洞大道33号南宁市民中心南宁市公共资源交易中心开标厅(具体详见9楼电子显示屏安排)。
5.2	开标程序	见正文5.2条
6.1.1	评标委员会的组建	评标委员会构成:7人,其中招标人代表2人(资格要求详见本表后的备注),专家5人。 评标专家分工:分技术、经济类,其中,招标人代表参加技术类1人、经济类1人;技术类专家4人、经济类专家1人。 备注:经济类评委人数不应多于2人。 评标专家确定方式:随机抽取
6.3	评标方式	□经评审的合理低价法 ☑综合评估法
6.5	评标资料封存方式 备注:由当地招投标监督管理部门确定。	☑在交易中心封存 □当地招投标监督管理部门封存
6.5.1(3)	封存的其他材料	无
6.6.1	中标候选人公示的媒介	在发布媒介上公示

续表

条款号	条款名称	编列内容
6.7	履约能力审查的标准和方法	在中标通知书发出前,中标候选人不得有以下情形: (1)被吊销营业执照 (2)进入破产程序 (3)其他: 无
7.1	是否授权评标委员会确定中标人	□是 ☑否,推荐的中标候选人数:3 名
7.3.1	履约保证金	☑是　履约担保的形式:可以采用现金、银行保函、工程担保或保证保险等形式 备注:严禁要求中标人只能以现金方式提交保证金的行为,严禁现金形式缴纳的额度与其他形式不一致。 履约保证金的金额:合同价 3%万元 备注:上限为合同价款扣除发包人材料价款、暂估专业工程、暂列金额后的 10%。 投标人在收到中标通知书后,须在 10 日内向招标人足额提交履约保证金,否则招标人可以取消其中标资格 备注:此处约定应与合同专用条款第 3.7 条一致。 □否
10.　需要补充的其他内容		
10.1　词语定义		
10.1.1	类似项目	类似项目是指: 联合体任一成员的业绩可认为联合体业绩,2017 年 1 月 1 日至投标截止时间前完成过类似单项合同金额在 10 000 万元及以上房屋建筑工程项目业绩。
10.1.2	不良行为记录	不良行为记录是指: (1)本项目投标活动期间被相关部门停标等行为; (2)曾被广西壮族自治区住建厅、市建委通报列入黑名单尚未解除的单位,因不诚信经营被南宁市政府列入黑名单的施工企业。

续表

条款号	条款名称	编列内容
10.1.3	发布媒介	发布媒介是指招标公告规定的发布招标公告、招标文件澄清、评标结果公示、中标公告等信息的媒(体)介。按照招标公告规定还需在其他媒介上公示的,发布内容、发布期限应以法规指定媒介发布的为准。 备注:对于依法必须招标的项目和公共资源配置领域工程建设项目招标投标领域的中标候选人公示的指定媒介即优先公开载体均为广西壮族自治区招标投标公共服务平台,属于政府采购项目的还应按政府采购法信息发布的要求执行。
10.2　招标控制价		
	招标控制价	☑设招标控制价 备注:政府及国有资金投资的工程建设项目招标,招标人必须勾选。 □不设招标控制价
10.3　技术标评审方式		
	施工组织设计采用"暗标"评审方式 拟分包计划表、项目管理机构采用"明标"评审方式	投标人应严格按照第九章"投标文件格式"中"施工组织设计(暗标)编制要求"编制施工组织设计。
10.4　电子投标文件		
	投标人递交电子投标文件的要求 备注:右栏内容可由招标人根据招投标监督管理部门的要求修改,并应与4.1.2条内容一致。	电子投标文件格式: 电子投标文件是投标人应用公共资源招投标会员网交易系统兼容的投标文件制作软件,根据招标文件要求编制完成的投标文件。加密格式(＊.GXTF)、未加密格式(＊.NGXTF) 投标人登录南宁市公共资源交易系统上传加密的电子投标文件,并在开标时提交刻录成光盘的未加密电子投标文件(与加密的电子投标文件为同时生成的版本)。投标人专职投标员必须携带生成投标文件时所使用的企业CA锁参加开标,现场对电子投标文件进行解密,否则,由此造成投标文件不能解密评审的后果由投标人自行承担。 未加密的电子投标文件光盘密封方式:单独放入一个密封袋中,加贴封条,并在封套封口处加盖投标人单位章,在封套上标记"电子投标文件"字样,在投标截止前提交。

续表

条款号	条款名称	编列内容
10.5	知识产权	
	构成本招标文件各个组成部分的文件,未经招标人书面同意,投标人不得擅自复印和用于非本招标项目所需的其他目的。招标人全部或者部分使用未中标人投标文件中的技术成果或技术方案时,需征得其书面同意,并不得擅自复印或提供给第三人。	
10.6	重新招标的其他情形	
	除投标人须知正文第 8 条规定的情形外,除非已经产生中标候选人,在投标有效期内同意延长投标有效期的投标人少于三个的,招标人在分析招标失败的原因并采取相应措施后,应当依法重新招标。	
10.7	同义词语	
	构成招标文件组成部分的“通用合同条款”“专用合同条款”“技术标准和要求”和“工程量清单”等章节中出现的措辞“发包人”和“承包人”,在招标投标阶段应当分别按“招标人”和“投标人”进行理解。	
10.8	监督	
	本项目的招标投标活动及其相关当事人应当接受有管辖权的建设工程招标投标行政监督部门依法实施的监督,如项目属于公共资源范围,应同时接受本级公共资源交易监督机构的监管。	
10.9	解释权	
	构成本招标文件的各个组成文件应互为解释,互为说明;如有不明确或不一致,构成合同文件组成内容的,以合同文件约定内容为准,且以专用合同条款约定的合同文件优先顺序解释;除招标文件中有特别规定外,仅适用于招标投标阶段的规定,按招标补遗或澄清文件、招标公告(投标邀请书)、投标人须知、评标办法、投标文件格式的先后顺序解释;同一组成文件中就同一事项的规定或约定不一致的,以编排顺序在后者为准;同一组成文件不同版本之间有不一致的,以形成时间在后者为准;补遗或澄清文件与同步更新的招标文件不一致时以补遗或澄清文件为准。按本款前述规定仍不能形成结论的,由招标人负责解释。	
10.10	招标人补充的其他内容	
10.10.1	招标代理服务费的计算与收取	□招标人支付 备注:政府及国有资金投资的项目在建设项目费用组成中已包含招标代理服务费的,应选择由招标人支付。 ☑中标人支付。具体为:根据招标人与代理人签订的《建设工程招标代理合同》,本项目委托招标代理服务费按根据招标人与代理人签订的《建设工程招标代理合同》、《造价咨询合同》,本项目委托招标代理服务费按招标人与代理人、造价咨询人签订的《建设工程招标代理合同》及《造价咨询合同》计取,由中标人在领取中标通知书时,一次性向招标代理机构、造价咨询机构支付。计取,由中标人在领取中标通知书时,一次性向招标代理机构支付。

续表

条款号	条款名称	编列内容
10.10.2	勘察单位:广西 ** 设计研究院 设计单位:南宁市 ** 设计院	
10.10.3	项目工会组建	为维护农民工权益,确保项目工会日常工作正常开展,按照《中华人民共和国工会法》、《国务院关于进一步做好为农民工服务工作的意见》(国发〔2014〕40 号)、《中华全国总工会关于深入贯彻落实<国务院关于进一步做好为农民工服务工作的意见>的实施意见》(总工发〔2015〕14 号)有关要求,深入开展"农民工入会集中行动"。认真落实《关于新形势下加强基层工会建设的意见》和工会组建五年规划,创新工会组织形式和农民工入会方式,重点做好开发区(工业园区)和建筑项目、物流(快递)业、家政服务业、农业专业合作组织等农民工相对集中的区域和行业建会工作,组织开展农民工入会集中行动,最大限度地吸收农民工入会,扩大工会组织的覆盖面。(详情请咨询南宁市建设工会 5521531、5593709)

备注:

1."投标人须知前附表"中的条款名称、编列内容,招标人可根据项目实际需要进行适当的增减。

2.招标人如需要对"投标人须知"正文条款进行细化调整的,应在"投标人须知前附表"中进行。

3.招标人派出评委参加评标的,须符合以下条件之一:

(1)必须是本单位具备工程技术或工程经济类中级及以上职称(对于取得专业技术类职业资格的人员,可按照《广西壮族自治区人力资源和社会保障厅关于在部分职业领域建立职称与专业技术类职业资格对应关系的通知》(桂人社规〔2019〕5 号)精神,认定其具备相应等级的职称)、同时具备与评标工程技术要求相当条件和能力水平的人员出任;职称证上的工作单位与招标人名称不符的,须附招标人为其缴纳的近 3 个月的社会保险证明或者工作编制证明文件的扫描件;

(2)本单位无符合上述条件的人员时,可以委托持《广西壮族自治区建设工程招标投标评标专家资格证书》的人员出任,持证人员已退休的,应附退休证明文件的扫描件,持证人员在职的,应附现任职单位为其缴纳的近 3 个月的社会保险证明或者工作编制证明文件的扫描件。以上扫描件应在开标前通过广西电子招标投标系统提交并审核通过。

附件二　某项目评标办法前附表资格审查部分

说明:附件二为《评标办法前附表》"2.1.1"的内容。

评标办法前附表

条款号	评审因素		评审标准
2.1.1	资格评审标准	有限数量制资信审查评分(满分 100 分,分值权重 10%)	1.投标人符合第二章"投标人须知"第 1.4 项规定的,且按规定提交了第二章"投标人须知前附表"3.1.1 项资格审查部分(1)~(9)项内容的,方可进行资信审查评分。**合格标准:缺少任何一项或有任何一项不合格者,其资格审查视为不合格。** 2.资信审查满分为 100 分,总分 60 分及以上为合格,按得分由高到低的顺序选择 9 家投标单位作为合格投标人进入本工程的下一阶段评审,如前第 9 名有得分相同的,则一并进入下一阶段评审,如参加投标的单位不足 9 名(含 9 名),则全部达到合格分数线的投标人进入下一阶段评审。 备注:参照建市〔2005〕208 号文,原则上工程投资额 1 000 万元以上的工程项目,合格投标人家数应当不少于 9 个。

续表

<table>
<tr><th>条款号</th><th colspan="3">评审因素</th><th>评审标准</th></tr>
<tr><td rowspan="3">2.1.1</td><td rowspan="3">资格评审标准</td><td rowspan="3">有限数量制资信审查评分（满分 100 分，分值权重 10%）</td><td>（一）企业情况（满分 20.00 分）</td><td>(1)资质条件(8 分)。具备建筑工程施工总承包二级及以上资质的，得 5 分；具备建筑工程施工总承包一级及以上资质的，得 8 分。
(2)考核期内完成过类似工程项目(5 分)。2017 年 1 月 1 日至投标截止时间前完成过类似单项合同金额在 10 000 万元及以上房屋建筑工程项目业绩的，每个得 5 分，此项满分 5 分。（以竣工验收证书的日期为准，附广西建筑业企业诚信信息库链接截图扫描件）（联合体任一成员的业绩可认同为联合体业绩）
(3)企业管理体系(2 分)。企业通过 ISO 质量体系认证并保持有效的得 2 分。
(4)企业注册情况(5 分)。投标人(或联合体中任一成员)企业注册地在南宁市且具备独立法人资格的，得 5 分；其他情形的得 3 分。(以企业营业执照为准)</td></tr>
<tr><td>（二）企业诚信情况（满分 15.00 分）</td><td>(1)获奖情况(满分 10 分)。①企业完成的工程获得“‘省长、自治区主席、直辖市市长质量奖’、中国建设工程鲁班奖、市政金杯示范工程奖、詹天佑土木工程奖”，从获奖证书颁发之日起至投标截止之日止不超过三年的，每个奖项得 6 分。②企业承建或完成的工程获得“国家优质工程奖、中国建筑工程装饰奖、建设工程项目施工安全生产标准化建设工地、中国安装工程优质奖(中国安装之星)”，从获奖证书颁发之日起至投标截止之日止不超过三年的，每个奖项得 5 分。③企业承建或完成的工程获得省级工程质量或安全文明工地奖(建筑施工安全文明标准化工地)、省级建筑装饰工程优质奖，从获奖证书颁发之日起至投标截止之日止不超过两年的，每个奖项得 4 分。④企业承建或完成的工程获得设区城市级工程质量或安全文明工地奖(建筑施工安全文明标准化工地)的，从获奖证书颁发之日起至投标截止之日止不超过一年的，每个奖项得 3 分。⑤企业主编或主持完成国家或行业标准，从获奖证书颁发或标准发布之日起至投标截止之日止不超过三年的，每项得 3 分；参编或参与单位，每项得 2 分。⑥企业主编或主持完成省级建设工法、省级标准的，从获奖证书颁发或标准发布之日起至投标截止之日止不超过两年的，每项得 2 分；参编或参与单位，每项得 1 分。
(2)南宁市级的诚信综合评价(满分 5 分)。根据实时公布的南宁市级的诚信综合评价分(百分制)×5%，由评委在评标室中查询。
备注：投标人是联合体的，获奖情况和诚信综合评价分以联合体成员中高分的一方计取。</td></tr>
<tr><td>（三）项目经理情况（满分 15.00 分）</td><td>(1)项目经理注册资格(10 分)。拟投入的项目经理具有建筑工程专业一级注册建造师执业资格证书，且具有有效的安全生产考核合格证书(B 类)的，得 10 分。
(2)项目经理职称(5 分)。拟投入的项目经理具有中级及以上技术职称的，得 5 分。
未提供投标人为其缴纳的 2020 年 4 月至 2020 年 6 月社会保险的证明材料复印件的视为资格审查不合格。</td></tr>
</table>

续表

条款号	评审因素			评审标准
2.1.1	资格评审标准	有限数量制资信审查评分（满分100分，分值权重10%）	（四）技术负责人情况（满分10.00分）	拟投入项目技术负责人具有高级职称的，得10分；具有中级职称的，得7分； 未提供投标人为其缴纳的2020年4月至2020年6月社会保险的证明材料复印件的视为资格审查不合格。
			（五）拟投入本工程管理人员情况（满分10.00分）	①拟投入本工程主要4大员（施工员、质检员、安全员、材料员）必须全部持证上岗且年检合格，以上四大岗位中缺项时，视为资格审查不合格。②拟投入本工程施工的主要技术管理人员配备、执证上岗（执业资格证书或是上岗证书）情况。此项满分10分。 优（10分）：拟投入本工程主要管理人员完全满足或优于施工需要，各专业人员配备齐全，且均有丰富工作经验，综合素质优秀，并有主要专业储备人员。 良（7分）：拟投入本工程主要管理人员满足施工需要，各专业人员配备较齐全，均有一定的工作经验，综合素质良好。 中（4分）：拟投入本工程主要管理人员基本能满足施工需要，综合素质一般。 差（1分）：拟投入本工程主要管理人员不能满足施工需要。 备注：本项目要求项目机构管理人员配备上要同时满足以下要求：安全员不得少于3人。投标人不满足此要求的，视为不满足施工需要，本项评分计0分。 未提供投标人为其缴纳的2020年4月至2020年6月社会保险证明材料复印件的，视为资格审查不合格
			（六）拟投入施工机械设备情况（满分5.00分）	优（5分）：拟投入的主要、辅助施工设备、器具齐全且配备科学合理，设备型号、数量完全满足施工需要。 良（3分）：拟投入的主要、辅助施工设备、器具齐全且配备科学合理，设备型号、数量满足施工需要。 中（2分）：拟投入的主要、辅助施工设备、器具基本齐全无重大缺漏，设备型号、数量基本满足施工。 差（0分）：拟投入的主要、辅助施工设备、器具不齐全存在重大缺漏，设备型号、数量不能满足施工需要。
			（七）企业财务状况（满分10.00分）	财务状况良好，没有处于企业被接管、破产或关、停、并、转状态情况。同时提供2017年度、2018年度、2019年度经审计的财务报告证明材料的，得10分，不提供的，得0分。（新成立的企业按实际年限提供。对于从取得营业执照时间起到投标截止时间为止不足2年的企业，须提交企业取得营业执照年份至所要求最近年份经审计的财务报表，提供的得10分，不提供的得0分；从取得营业执照时间起到投标截止时间为止不足1年的，须提供银行出具的银行资信证明等材料及企业自成立以来的财务报表，提供的得10分，不提供的得0分。） 备注：如上一年的财务报表正在审计的，需提供财务报表及上一年度财务报表正在审计的证明。

续表

条款号	评审因素			评审标准
2.1.1	资格评审标准	有限数量制资信审查评分（满分100分，分值权重10%）	（八）经济贡献情况（满分15.00分）	(1)建筑业产值统计：按照南宁市建筑业统计库内企业上一年度建筑业产值计算得分（满分10分）：50亿（含）以上的得10分；20亿（含）至50亿的得8分；10亿（含）至20亿的得6分；5亿（含）至10亿的得4分；5亿以下的得2分。 (2)本地纳税情况：根据投标人提供的经南宁市税务局盖章的上一年度（20＊＊年1月至20＊＊年12月）《涉税信息查询结果告知书》中投标人纳税合计金额计算得分（满分5分）：纳税合计金额在5 000万元（含）以上的得5分；纳税合计金额在3 000万元（含）至5 000万元的得4分；纳税合计金额在2 000万元（含）至3 000万元的得3分；纳税合计金额在1 000万元（含）至2 000万元的得2分；纳税合计金额在1 000万元以下的得1分。 备注：①投标人是联合体的，以联合体成员中高分的一方计取建筑业产值及纳税情况。②相关部门提供的南宁市建筑业统计库内企业上一年度建筑业产值由评委在评标室查询。在新一年度建筑业产值未确定前，均以上一年度的建筑业产值计分。

备注：

1.资格评审采用有限数量制时，评审标准中“企业诚信情况”中的“获奖情况”一栏，招标人必须明确奖项有效期。

“获奖情况”中所列奖项类别以《自治区住房和城乡建设厅关于印发广西壮族自治区建筑业企业诚信综合评价办法（试行）的通知》（桂建发〔2017〕17号）的规定为准。

其中，国家级奖项发证机关如下：

(1)“中国建设工程鲁班奖（国家优质工程）”发证机关为中国建筑业协会。

(2)“中国土木工程詹天佑奖”发证机关为中国土木工程学会、北京詹天佑土木工程科学技术发展基金会。

(3)“全国市政金杯示范工程”发证机关为中国市政工程协会。

(4)“国家优质工程奖”发证机关为中国施工企业管理协会。

(5)“中国建筑工程装饰奖”（原名“全国建筑工程装饰奖”）发证机关为中国建筑装饰协会。

(6)“建设工程项目施工安全生产标准化建设工地”（原名“AAA级安全文明标准化工地”）发证机关为中国建筑业协会建筑安全分会。

(7)中国安装工程优质奖（中国安装之星）发证机关为中国安装协会。

2.人员资格岗位、职称、业绩、奖项等评分须附相关有效证明材料的扫描件，相关证明材料未通过广西建筑业企业诚信信息库审核的（除在建项目以全国建筑市场监管公共服务平台为准外），在评审时不予承认；对于取得专业技术类职业资格的人员，可按照《广西壮族自治区人力资源和社会保障厅关于在部分职业领域建立职称与专业技术类职业资格对应关系的通知》（桂人社规〔2019〕5号）精神，认定其具备相应等级的职称。

附件三　广西壮族自治区建筑工程安全文明施工措施项目清单内容

（桂建质〔2015〕16号文附件一）

<table>
<tr><th>类别</th><th colspan="2">项目名称</th><th>主要内容和要求</th></tr>
<tr><td rowspan="10">文明施工与环境保护</td><td colspan="2">安全警示标志牌</td><td>在易发伤亡事故（或危险）处设置明显的、符合国家标准要求的安全警示标志牌。</td></tr>
<tr><td colspan="2">现场围挡</td><td>(1)现场采用封闭围挡，高度不小于1.8 m。
(2)围挡材料可用彩色、定型钢板，砌块等墙体。</td></tr>
<tr><td colspan="2">七牌二图</td><td>在进门处悬挂工程概况、现场出入制度、管理人员名单及监督电话、安全生产规定、文明施工、消防保卫、节能公示等七牌以及施工现场总平面图、工程效果图。</td></tr>
<tr><td colspan="2">企业标志</td><td>现场出入的大门应设有本企业标志或企业标识。</td></tr>
<tr><td colspan="2">场容场貌</td><td>(1)道路畅通。
(2)排水设施齐全畅通。
(3)工地地面硬化处理（办公区、生活区、现场道路、材料堆放、混凝土搅拌、砂浆搅拌、钢筋加工等场地和外脚手架基础等）。</td></tr>
<tr><td colspan="2">材料堆放</td><td>(1)材料、构件、料具等堆放时，应有名称、品种、规格等标牌。
(2)水泥和其他易飞扬细颗粒建筑材料应封闭存放或采取覆盖等措施。
(3)易燃、易爆和有毒有害物品分类存放。</td></tr>
<tr><td colspan="2">现场防火</td><td>消防器材配置合理，符合消防要求。</td></tr>
<tr><td colspan="2">垃圾清运</td><td>(1)施工现场应设置密闭式垃圾站，施工垃圾、生活垃圾应分类存放。
(2)施工垃圾必须采用相应容器或管道运输。</td></tr>
<tr><td colspan="2">宣传栏、环保及不扰民措施</td><td>宣传栏、安全宣传标语等，洗车（防止污染市区道路）、粉尘、噪声控制和排污（污水、废气）措施等。</td></tr>
<tr><td rowspan="5">临时设施</td><td colspan="2">现场办公生活设施</td><td>(1)施工现场办公、生活区与作业区分开设置，保持安全距离。
(2)工地办公室、现场宿舍、食堂、厕所、饮水、沐浴、休息场所等符合卫生、消防安全要求。</td></tr>
<tr><td rowspan="4">施工现场临时用电</td><td>配电线路</td><td>(1)按照TN-S系统要求配备五芯电缆、四芯电缆和三芯电缆。
(2)按要求架设临时用电线路的电杆、横担、瓷夹、瓷瓶等，或电缆埋地的地沟。
(3)对靠近施工现场的外电线路，设置木质、塑料等绝缘体的防护设施。</td></tr>
<tr><td>配电箱开关箱</td><td>(1)按三级配电要求，配备总配电箱、分配电箱、开关箱三类（铁质）标准电箱，开关箱应符合“一机、一箱、一闸、一漏”，三类电箱中的各类电器应是合格品。
(2)按两级保护的要求，选取符合容量要求和质量合格的总配电箱和开关箱中的漏电保护器。
(3)对大型、落地式分配电箱、开关箱设置防护棚和通透式围挡。</td></tr>
<tr><td>接地装置</td><td>施工现场应设置不少于三处的重复接地装置。</td></tr>
<tr><td>现场变配电装置</td><td>总配电房建筑材料必须达到消防防火要求，室内做硬地坪、电缆沟。</td></tr>
</table>

续表

类别	项目名称		主要内容和要求
安全施工	高处作业防护	楼层、屋面、阳台等临边	设两道防护栏杆和 18 cm 高的踢脚板，用密目式安全立网全封闭。
		通道口	设防护棚，防护棚应为不小于 5 cm 厚的木板或两道相距 50 cm 的竹笆。两侧应沿栏杆架用密目式安全网封闭。
		预留洞口	用硬质材料全封闭，短边超过 1.5 m 长的洞口，除封闭外四周还应设有防护栏杆。
		电梯井口	设置定型化、工具化的防护门，在电梯井内每隔 2 层（不大于 10 m）设置一道水平防护。
		楼梯边	设 1.2 m 高的定型化、工具化的防护栏，18 cm 高的踢脚板。
		垂直方向交叉作业	设置防护隔离棚或其他设施。
		高处作业	有悬挂安全带的悬索或其他设施，有操作平台，有上下的梯子或其他形式的通道。
		基坑、物料平台	设 1.2 m 高标准化的防护栏，用密目式安全立网封闭，悬挂标识。
	安全防护用品		安全帽、安全带、特种作业人员（电工、焊工、架子工等）防护服装、用品等。
其他	机械设备防护	中小型机械	设防护棚（同通道口防护并有防雨措施）。
		垂直运输设备	（1）垂直运输设备检测、检验、日常维护、保养等。 （2）物料提升机、施工电梯等物料平台搭设、外侧用密目式安全立网全封闭，有安全通道、安全防护门、防护棚等。
	专家论证审查		超过一定规模的危险性较大分部分项工程专家论证审查。
	应急救援预案		救援器材准备及演练等。
	非正常情况施工		其他特殊情况下的防护费用，如：城市主干道、人流密集、河边等处施工及文物、古建筑、古树保护等。

备注：本表所列建筑工程安全文明施工费，是依据现行法律法规及标准规范确定的。如法律法规和标准规范修订，本表所列项目应按照修订后的法律法规和标准规范进行调整。

附件四　投标文件格式资格审查部分

投标文件格式

________(项目名称)施工招标

投　标　文　件

项目招标编号：

投标内容：____资格审查部分____

投标人：________________(盖单位章)

法定代表人：________(签字或盖章)

________年________月________日

1.投标人基本情况表(包含联合体各方)

<table>
<tr><td>投标人名称</td><td colspan="6"></td></tr>
<tr><td>注册地址</td><td colspan="3"></td><td>邮政编码</td><td colspan="2"></td></tr>
<tr><td rowspan="2">联系方式</td><td>联系人</td><td colspan="2"></td><td>电　话</td><td colspan="2"></td></tr>
<tr><td>传　真</td><td colspan="2"></td><td>网　址</td><td colspan="2"></td></tr>
<tr><td>统一社会信用代码</td><td colspan="6"></td></tr>
<tr><td>法定代表人</td><td>姓名</td><td colspan="3"></td><td>电话</td><td></td></tr>
<tr><td>技术负责人</td><td>姓名</td><td></td><td>技术职称</td><td></td><td>电话</td><td></td></tr>
<tr><td>成立时间</td><td colspan="2"></td><td colspan="4">员工总人数：</td></tr>
<tr><td>资质等级</td><td colspan="2"></td><td rowspan="5">其中</td><td>项目经理</td><td colspan="2"></td></tr>
<tr><td>安全生产许可证号</td><td colspan="2"></td><td>高级职称人员</td><td colspan="2"></td></tr>
<tr><td>注册资金</td><td colspan="2"></td><td>中级职称人员</td><td colspan="2"></td></tr>
<tr><td>开户银行</td><td colspan="2"></td><td>初级职称人员</td><td colspan="2"></td></tr>
<tr><td>账号</td><td colspan="2"></td><td>技　工</td><td colspan="2"></td></tr>
<tr><td>经营范围</td><td colspan="6"></td></tr>
<tr><td>备注</td><td colspan="6"></td></tr>
</table>

备注：附已录入广西建筑业企业诚信信息库的有效的企业营业执照、企业资质证书副本和安全生产许可证副本等的扫描件。以上扫描件均为原件的扫描件。

2.联合体协议书(联合体投标人适用)

牵头人名称：

法定代表人：

法定住所：

成员二名称：

法定代表人：

法定住所：

……

鉴于上述各成员单位经过友好协商，自愿组成________(联合体名称)联合体，共同参加______________(招标人名称)(以下简称招标人)________(项目名称)(以下简称本工程)的施工投标并争取赢得本工程施工承包合同(以下简称合同)。现就联合体投标事宜订立如下协议：

(1)________(某成员单位名称)为________(联合体名称)牵头人。

(2)在本工程投标阶段,联合体牵头人合法代表联合体各成员负责本工程投标文件编制活动,代表联合体提交和接收相关的资料、信息及指示,并处理与投标和中标有关的一切事务;联合体中标后,联合体牵头人负责合同订立和合同实施阶段的主办、组织和协调工作。

(3)联合体将严格按照招标文件的各项要求,递交投标文件,履行投标义务和中标后的合同,共同承担合同规定的一切义务和责任,联合体各成员单位按照内部职责的部分,承担各自所负的责任和风险,并向招标人承担连带责任。

(4)联合体各成员单位内部的职责分工如下:________。按照本条上述分工,联合体成员单位各自所承担的合同工作量比例如下:________。

(5)投标工作和联合体在中标后工程实施过程中的有关费用按各自承担的工作量分摊。

(6)联合体中标后,本联合体协议是合同的附件,对联合体各成员单位有合同约束力。

(7)本协议书自签署之日起生效,联合体未中标或者中标时合同履行完毕后自动失效。

(8)本协议书一式________份,联合体成员和招标人各执一份。

牵头人名称:________________(盖单位章)
法定代表人或其委托代理人:________(签字或盖章)

成员二名称:________________(盖单位章)
法定代表人或其委托代理人:________(签字或盖章)
……

____年____月____日

备注:本协议书由委托代理人签字的,应附法定代表人签字的授权委托书。

3.投标保证金的转账(或电汇)底单

可提供底单原件或网上银行电子回执单或银行保函(工程担保或工程保证保险)扫描件,投标人的基本账户开户许可证的扫描件。

4.建设工程项目管理承诺书

致________(招标人名称):

作为参与________(工程名称)项目的投标方,根据国家、自治区相关文件规定,我方在此向招标人承诺:

(1)一旦中标,我方保证按照政府相关部门的规定,在发出中标通知书之日起7个工作日内足额将农民工工资保障金转入农民工工资保障金专用账户。一旦我方所承包的该项目中出现拖欠农民工工资情况,由劳动保障、住房城乡建设行政主管部门按照《关于进一步完善建筑行业农民工工资保证金制度的通知》(桂劳社发〔2009〕50号)从我方农民工工资保障金中先予划支。我方将认真贯彻落实保障农民工工资支付各项要求,保证不出现拖欠农民工资行为、不出现因工程款纠纷引发农民工集聚讨薪行为,做到按照规定签订劳动合同、推行农民工实名制、足额缴纳农民工工资保障金、开设农民工工资专户、实行农民工工资支付分账制度和银行代发制度、确保按月足额发放农民工工资,保证按照规定做好广西建筑农民工实名制管理公共服务平台工人信息的采集、运用和数据的上传,保证落实劳资专员按照《南宁市城乡建委员会关于印发〈南宁市房屋建筑和市政工程领域农民工工资支付管理资料样板〉的通知》(南建〔2018〕66号)的要求做好农民工工资支付管理资料的整理、归档。

(2)一旦中标,我方保证在施工过程中,严格执行《广西壮族自治区建筑工程安全文明施工费使用管理细则》(桂建质〔2015〕16号)的有关规定,确保建设工程各项安全防护、文明施工措施落实到位。如我方在该项目的承包中出现未按桂建质〔2015〕16号文附件一规定执行的情形,我方愿意按照相关规定接受建设单位及有关主管部门的处罚。

(3)一旦中标,我方保证在施工过程中,严格执行《南宁市人民政府关于修改〈南宁市散装水泥和预拌混凝土管理规定〉的决定》(南宁市人民政府令 第32号)、《南宁市人民政府关于推广使用预拌砂浆的实施意见》(南府规〔2016〕12号)等关于散装水泥和预拌混凝土管理的规定,确保建设工程按规定使用相应质量等级的散装水泥、预拌砂浆和预拌混凝土。如我方在该项目的承包中出现未按规定执行的情形,我方愿意按照相关规定接受建设单位及有关主管部门的处罚。

(4)一旦中标,我方保证严格执行《危险性较大的分部分项工程安全管理规定》(中华人民共和国住房和城乡建设部令第37号)、《广西壮族自治区建筑工程安全生产管理办法》(广西壮族自治区人民政府令第124号)的规定,按照南宁市安委办及市住房城乡建设行政主管部门的要求,强化对深基坑、高切坡、高大模板、人工挖孔桩、起重吊装、临时活动板房等重大危险源的专项施工方案的编制、论证、审批、实施、检测的风险管理,做好施工现场安全风险分级管控和隐患排查治理"双预防"工作,并按照《南宁市房屋建筑及市政工程领域安全生产风险分级管控资料汇编》的要求建立管控台账,按时录入市安委办隐患排查治理信息平台。

(5)一旦中标,我方保证由法人签署授权书确认项目负责人,项目负责人签署建设工程质量终身责任制承诺书,自觉承担建设工程终身责任,按程序履行设计变更手续,严格按照审查合格并经备案的施工图施工(包括全装修工程、主体工程、基础工程、排水工程等)。

(6)一旦中标,我方保证项目负责人和管理人员按招标文件和合同约定持证上岗并履职到位,做好相关履约评价工作,绝不在项目承包中进行违法转包、违法分包及挂靠等违法行为,接受有关部门、专家对我方的诚信考评。

(7)一旦中标,我方保证按现行建筑市场专业分包的实际状况,将本工程非主体部分的专业承包工程分包给有信誉、实力强、有资质、在南宁市注册的企业负责施工。

(8)一旦中标,我方保证在施工过程中,严格执行《大气污染防治法》(主席令第三十一号)、《南宁市建设工程质量和安全生产管理办法》(南宁市人民政府令 第46号)、《南宁市建设工程质量安全标准化图集》、《南宁市建设工程施工现场管理若干规定》(南宁市人民政府令 第8号)的有关规定,与辖区卫生防疫、环卫管理部门或有合法资质资格的企业签订病媒生物消杀协议、生活垃圾清运协议、渣土密闭运输协议、在线远程监控扬尘监测协议,遵守"一口两池三包四协议"的有关规定,施工前办理排水许可证,严格执行排水许可,做好工地泥浆水、临时生活污水的排放管理,现场设置三级沉淀池及化粪池,避免生活污水及施工废水直排市政排水管网及内河。采取道路硬化、裸土必盖(种草、绿网)、洗车出门、保洁路口、在线监测、抑尘喷淋等有效措施。

(9)一旦中标,我方保证在施工过程中,不使用不合格建材(如地条钢、海砂等)作为建筑用材,按照《广西壮族自治区新型墙体材料促进条例》规定使用新型墙体材料,不使用黏土砖

(制品)及无证无照企业生产、质量达不到标准的墙体材料。项目实施装配式建筑的,按照装配式建筑技术标准、规程采取相应安全措施,做好预制构件部品保护、施工安装,按质按量完成装配式施工。

(10)一旦中标,我方保证根据相关法律法规要求,做好供水、排水、供电、通讯、燃气、油气管道等地下管线设施的保护工作,在开工建设前,与设施维护运营单位、管理责任单位等共同制定设施保护方案,并采取相应的安全防护措施。

投标人:__________(盖单位章)

法定代表人或授权代理人:__________(签字或盖章)

日期:________年________月________日

5.项目经理简历表

附已录入广西建筑业企业诚信信息库的项目经理注册建造师执业资格证书和安全生产考核合格证书(B类)的扫描件。

备注:以上扫描件均为原件的扫描件

6.项目技术负责人简历表

附已录入广西建筑业企业诚信信息库的职称证书的扫描件。

备注:以上扫描件均为原件的扫描件

7.项目安全员简历表

附已录入广西建筑业企业诚信信息库的安全员的安全生产考核合格证书(C类)的扫描件。

备注:以上扫描件均为原件的扫描件

8.项目相关人员在职证明材料

附已录入广西建筑业企业诚信信息库的专职投标员、项目经理、技术负责人和主要管理人员近3个月(2020年4月至2020年6月)在现任职单位依法缴纳社会保险的证明材料的扫描件。

备注:以上扫描件均为原件的扫描件

9.资格审查需要的其他材料

(1)项目管理机构配备情况表;

(2)拟投入施工机械设备情况表;

(3)企业2017年1月至投标截止日期止(一般为近三年)已完成类似项目一览表(如有);

(4)企业诚信情况一览表(如有);

(5)企业2017年至2019年(一般为近三年)财务状况表;

(6)企业2017年1月至投标截止日期止(一般为近三年)发生的诉讼和仲裁情况(如有)等。

10.**附表**

(1)项目管理机构配备情况表

(招标工程项目名称) 工程

岗位	姓名	职称	执业或职业资格证明				承担完工工程情况	
			证书名称	级别	证号	专业	项目数	主要项目名称
一旦我单位中标,将实行项目经理负责制,我方保证并配备上述项目管理机构。上述填报内容真实,若不真实,愿按有关规定接受处理。项目管理班子机构设置、职责分工等情况另附资料说明。相关证明材料未通过广西建筑业企业诚信信息库审核的,在评审时不予承认。								

备注:附已录入广西建筑业企业诚信信息库的各岗位人员资格证件(如有)扫描件。以上扫描件均为原件的扫描件。

(2)拟投入施工机械设备情况表(格式自拟)

(3)企业 2017 年 1 月至投标截止日期止(一般为近三年)已完成类似工程一览表

序号	发包人名称	工程名称及建设地点	结构类型	建设规模	合同金额(万元)	竣工达到质量标准	开竣工日期

备注:

1.投标人应附上已录入广西建筑业企业诚信信息库的中标通知书(如有)、工程合同协议书有关页面、工程竣工验收证明材料的扫描件。以上扫描件均为原件的扫描件。

2.相关证明材料未通过广西建筑业企业诚信信息库审核的,在评审时不予承认。

企业 2017 年 1 月至投标截止日期止（一般为近三年）以来在建类似工程一览表

序号	发包人名称	工程名称及建设地点	结构类型	建设规模	合同金额（万元）	开工日期	计划竣工日期

备注：

附：如招标人选择接受在建工程作为业绩的，投标人应在投标文件组成的“业绩（在建工程）”节点上传相关证明材料的原件扫描件，内容包括：中标（发包）通知书、工程合同协议书有关页面等。

（4）企业诚信情况一览表（略）

序号	项目类别

备注：

1.项目类别由招标人自行确定，但应与“评标办法前附表”第 2.1.1 条一致。

2.考核期为：2017 年 1 月 1 日至 2020 年 6 月 21 日。

3.所有奖项、业绩均以广西建筑企业诚信信息库为准，附上已录入广西建筑业企业诚信信息库的证明材料扫描件。以上扫描件均为原件的扫描件。

(5)企业 2017 年至 2019 年(一般为近三年)财务状况表

备注:附已录入广西建筑业企业诚信信息库的、经会计师事务所或审计机构审计的财务会计报表,包括资产负债表、现金流量表、利润表的扫描件。具体年份要求见第二章"投标人须知"的规定。以上扫描件均为原件的扫描件。

(6)企业 2017 年 1 月至投标截止日期止(一般为近三年)发生的诉讼和仲裁情况

诉讼情况				
序号	判决或裁定时间	诉讼相对人	诉讼原因	证明材料
…	…			
仲裁情况				
序号	裁决时间	仲裁相对人	仲裁原因	证明材料
…	…			

备注:近________年发生的诉讼和仲裁情况仅限于投标人败诉的,且与履行施工承包合同有关的案件,不包括调解结案以及未裁决的仲裁或未终审判决的诉讼。附裁决书、裁定书、仲裁裁决书及有关文件的扫描件。以上扫描件均为原件的扫描件,由投标人单独上传。

模块四
招标文件更改实训

招标文件是招标人向潜在投标人发出的要约邀请文件，是招标活动中最重要的内容，也是投标人编制投标文件的依据，关系到招标活动的成败。招标文件的内容可以告知投标人招标项目内容、范围、数量与招标要求、招标投标程序规则、投标文件编制与递交要求、评标标准与方法、合同条款与技术标准等招标投标主体活动必须掌握的信息和遵守的依据。招标文件的编制稍有不慎，就会给投标人带来困难，轻者造成流标，重者引起投标异议和投诉。为此，行业对招标文件的编制要求非常高，一般专业人员都难以胜任，在校生就更难了。但是教师通过指导学生对现有招标文件进行修改，也可以达到提高其招标文件编制能力的目的。本模块给出实施招标文件案例，学生可根据实训环境，更改为适合实训的模拟招标文件。

一、预备知识

1.评标办法

(1)经评审的最低投标价法

①满足招标文件的实质性要求，经评审的投标价格最低的投标人为中标候选人，但投标价格低于其成本的除外。

②一般适用具有通用技术、性能标准或者招标人对其技术、性能没有特殊要求，工程施工技术管理方案选择性比较小，且工程质量成本工期受施工技术管理方案影响比较小，工程管理要求简单的施工招标项目。

(2)综合评估法

①推荐能够最大限度地满足招标文件中规定的各项综合评价标准的投标人为中标候选人，但投标价格低于其成本的除外。

②一般适用工程建设规模较大，履约工期较长，技术复杂，工程施工技术管理方案选择性比较大，且工程质量成本工期受施工技术管理方案影响比较大，工程管理要求较高的施工招标项目。

2.投标保证金

(1)投标保证金金额通常有相对比例金额和固定金额两种。

(2)投标保证金不得超过招标项目估算价的2%。

(3)投标保证金数额不得超过勘察设计估算费用的2%，最多不超过10万元人民币。

3.招标文件更改的注意事项

(1)一般情况下,各类工程施工招标文件的内容大致相同,但组卷方式可能有所区别。

(2)招标文件的有些内容只是为了说明招标投标的程序要求,将来并不构成合同文件,如投标人须知;有些内容则构成合同文件,如合同条款、设计图纸、技术标准与要求等。

(3)使用规定:应当不加修改地引用招标文件中的“投标人须知”(投标人须知前附表和其他附表除外)、“评标办法”(评标办法前附表除外)、“通用合同条款。”

二、实训任务

1.更改某招标文件案例为实训环境下的招标文件

招标文件的主要内容有:投标邀请书、投标人须知、开标办法、评标办法、定标办法、合同条款及格式、投标书及各种附件文件格式、技术标准及规范、图纸及勘察资料,工程量清单,其他要求和说明等。

招标人评委组根据已给招标文件案例,更改为实训环境下的招标文件,可通过发布更正通知的形式完成。更改内容有:加上招标项目名称、招标人、招标代理机构;招标时间、开标时间、开标地点的确定;投标保证金的递交;电子招标改为纸质招标(便于学习),投标文件的装订要求;评标办法中对无法模拟实训的企业信誉实力设定统一标准分。简化商务投标文件(取消工程量清单报价文件),只报总价,技术投标文件改为只报施工组织设计目录部分和项目管理机构等。

2.招标文件疑问、异议实训

投标人组根据所给招标文件,找出不理解和有疑问的内容,提出并提交书面疑问书或异议书。

3.对招标文件疑问、异议进行要点分析并解决实训

略。

4.投标保证金实训

投标人组根据招标文件的要求,填写投标保证金或投标保函,按规定程序递交给招标人组。招标人组出具收款证明。

三、实训目的

(1)掌握招标文件的主要内容及编制方法。

(2)认识和学习招标工程中的评标办法。

四、实训要求

(1)教师:对招标文件的更改进行讲解。主要讲解招标文件的编制要点,投标人须知等关键信息,评标办法和标准的设置,投标保证金的递交规定及投标疑问书或异议书的编写要求等。同时,对学生的实训模拟过程中遇到的问题加以指导,帮助学生能够更加熟练和顺利地完成实训任务。最后总结整个实训模拟的表现情况。

(2)学生:听、看、学、做,按要求完成实训任务。

(3)学生分组:招标人评委组完成实训任务 1,投标人小组完成实训任务 2。两类小组合作完成实训任务 3,投标人组完成实训任务 4。

(4)提交作业：

①招标人评委组更改招标文件通知。

②投标人组提交对招标文件的疑问或异议。

③招标人组和投标人组共同提交编制的投标保证金转账底单或投标保函。

(5)成绩评定：教师可根据学生实训表现及成果，综合评定每个同学的成绩，分别评定为优秀、良好、中等、及格和不及格。

五、参考法律法规及相关规定

(1)《中华人民共和国招标投标法》(2017 修正)

(2)《中华人民共和国招标投标法实施条例》(2019 修订)(国务院令第 709 号)

(3)《工程建设项目勘察设计招标投标办法》(2013 年修正)

(4)《简明标准施工招标文件》和《标准设计施工总承包招标文件》(发改法规[2011]3018号)

(5)《房屋建筑和市政基础设施工程施工招标投标管理办法》(2019 修正)

(6)《南宁市城乡规划管理条例》;

(7)《南宁市房屋建筑和市政工程施工招标文件范本》(2019 年版)

(8)《建设工程施工合同(示范文本)》(GF-2017-0201)

六、附件

南宁市房屋建筑和市政工程施工招标文件范本(2019 年版)

广西××区Ⅰ期(地块三)主体施工招标文件

项目招标编号：略

招标人：(略)(盖单位公章)

招标代理机构：(略)(盖单位公章)

发布日期：2020 年×月×日

使用说明

一、编写主要依据及参考

1.《中华人民共和国招标投标法》(2017 修正);

2.《中华人民共和国建筑法》(2019 修正);

3.《中华人民共和国合同法》;

4.《中华人民共和国招标投标法实施条例》(2019 修订);

5.《中华人民共和国电子签名法》(2019 修正);

6.《电子招标投标办法》;

7.《广西壮族自治区实施〈中华人民共和国招标投标法〉办法》(广西壮族自治区人大常委会公告(十二届第 42 号));

8.《工程建设项目施工招标投标办法》(2013 修正);

9.《评标委员会和评标方法暂行规定》(2013 修正);

10.《国务院关于建立完善守信联合激励和失信联合惩戒制度加快推进社会诚信建设的指导意见》(国发〔2016〕33 号);

11.《关于加快推进失信被执行人信用监督、警示和惩戒机制建设的意见》;

12.《房屋建筑和市政基础设施工程施工招标投标管理办法》(2019 修正);

13.《中华人民共和国标准施工招标文件》(2007 年版);

14.《房屋建筑和市政基础设施工程标准施工招标文件》(2010 年版);

15.《建设工程施工合同(示范文本)》(GF-2017-0201);

16.《国务院办公厅关于推进公共资源配置领域政府信息公开的意见》(国办发〔2017〕97 号);

17.《招标公告和公示信息发布管理办法》(国家发展和改革委令第 10 号);

18.《必须招标的工程项目规定》(国家发展和改革委令第 16 号);

19.《自治区住房和城乡建设厅关于印发广西壮族自治区建筑业企业诚信综合评价办法(试行)的通知》(桂建发〔2017〕17 号);

20.《广西壮族自治区房屋建筑和市政工程施工招标文件范本(2019 年版)》;

21.《关于进一步加强建设工程招标投标管理工作有关问题的通知》(南建规〔2017〕1 号);

22.关于印发《南宁市建筑施工企业信用管理办法》的通知(南住建规〔2020〕3 号);

23.《南宁市住房和城乡建设局关于试行调整部分建筑业企业资质承包工程范围的通知》(南住建〔2020〕147 号);

24.其他有关工程建设和招标投标的法律、法规、规章。

二、适用范围

《南宁市房屋建筑和市政工程施工招标文件范本(2019 年版修改版)》(以下简称《施工招标文件范本(2019 年版修改版)》),适用于南宁市行政区域内设计和施工不是由同一承包商承担的,依法必须进行招标的政府投资和国有投资的房屋建筑和市政基础设施工程的施工招标。文中所述"投标文件"即指电子投标文件。电子投标文件是投标人应用公共资源招投标会员网交易系统兼容的投标文件制作软件,根据招标文件要求编制完成的投标文件。

三、使用要求

《施工招标文件范本(2019 年版修改版)》用相同序号标示的章、节、条、款、项、目,供招标人和投标人选择使用;以空格标示的位置,由招标人根据国家和地方有关法律法规的规定以及招标项目具体特点和实际需要填写具体内容,空格后以括号标示的选择性内容,也由招标人根据提示内容填写,确实没有需要填写的,在空格中用"/"标示;在选择项中,招标人可结合实际情况在选择的"□"里打"√";其余内容应不加修改直接引用。

四、招标公告有关说明

(一)投标人资质条件。招标人应当根据国家法律法规对企业资质等级许可的相关规定及招标项目特点,合理设置企业资质等级和类似工程业绩要求,招标项目特点与企业资质等级及业绩要求应相一致,不得提高资质等级要求。对投标人资质条件要求原则上遵循以下规定:资质设置为施工总承包已可满足项目建设要求的,不得额外同时设置专业承包资质等级;我市建筑工程和市政公用工程施工总承包二级资质企业或具有建筑工程和市政公用工程施工总承包资质涵盖的专业承包二级资质企业，根据《南宁市住房和城乡建设局关于试行调整部分建筑业企业资质承包工程范围的通知》，经市住建部门认定后，可在本市行政区域内承接其现有资质类别高一级的相应业务；招标项目所需企业资质等级已是最低级别的，不应设置业绩要求。企业已竣工工程业绩取自广西建筑业企业诚信信息库。原则上代表业绩的工程应为已竣工工程，如招标人选择接受在建工程作为业绩的，应约定在建工程业绩以投标文件中提供的“业绩（在建工程）”为准，并应按约定在投标文件组成的“业绩（在建工程）”节点上传相关证明材料的原件扫描件，时间的限定一般为近三年。类似工程的规模（总投资及建筑面积）应不超过本项目规模。

（二）建造师资格。招标人应当根据项目规模，按照注册建造师执业工程规模标准，合理设置注册建造师等级，不应提高资格要求。

（三）预付款和进度款支付方式。招标人可以选择在招标公告中明确列出预付款和进度款支付方式，以提示风险。

（四）交易中心。指当地政府批准设立的公共资源交易中心。

（五）发布媒介。依法必须进行招标的工程项目的招标公告应在国务院发展改革部门依法指定的媒介发布。招标公告应注明发布所在的所有媒介名称。

五、投标人须知有关说明

（一）投标保证金。可以采用银行保函、银行转账、电汇、工程担保、工程保证保险等方式提交，银行保函或担保必须是无条件银行保函或担保，保函有效期不得低于投标有效期。采用现金形式的应通过基本账户转账方式缴纳，禁止采用现金现场缴纳方式。严禁招标人要求投标人只能以现金方式提交保证金的行为。

（二）招标代理服务费的计算与收取。政府及国有资金投资项目在建设项目费用组成中已包含招标代理服务费，该项费用应由招标人支付；其余项目可由招标人和招标代理机构确定，但应在招标文件中明确。

（三）需要提供的财务状况、类似项目、诉讼及仲裁情况的材料年份一般为近三年，且应为整数年。

六、评标办法有关说明

（一）评标办法的选择。《施工招标文件范本（2019 年修改版）》列出了经评审的合理低价法[适用于 1 000 万元（含）以下项目；1 000 万~5 000 万元的项目，业主也可自行选择采用]和综合评估法（原则上适用于 1 000 万元以上大中型项目）两种评标办法，供招标人根据招标项目具体特点和实际需要选择使用。

当采用综合评估法时，评标分值按以下确定：

1.技术标分值权重为 25%；

2.资信标分值权重为 10%；

3.商务标分值权重为 65%；

商务标分值权重=企业信誉实力分分值权重+报价分分值权重

先由招标人在开标现场随机抽取确定企业信誉实力分分值权重后，报价分分值权重=商务标分值权重-企业信誉实力分分值权重

企业信誉实力分分值权重按 6%~10%记入投标总分，具体按工程规模大小随机抽取。原则上中型工程从 6%、7%、8%中抽取一个，大型工程从 8%、9%、10%中抽取一个，以随机抽取

的比例乘以根据《广西壮族自治区建筑企业诚信综合评价办法》(试行)评价得到的企业诚信综合评价分计入投标总分。(注:“小型工程”“中型工程”及“大型工程”的规模按《注册建造师管理规定》(建设部令第 153 号)编制的《注册建造师执业工程规模标准》(试行)文件划分。)

例如:已经确定技术标分值权重为 25%,商务标分值权重为 65%,若在开标现场随机抽取的中型工程企业信誉实力分分值权重为 7%,则报价分分值权重应为 58%。

联合体参与投标的,联合体的信誉实力分按联合体成员中企业诚信综合评价分最高的企业认定。

(二)评标过程用表。《施工招标文件范本(2019 年版修改版)》列出了评标过程用表式样,各地可根据需要适当修改。但《中标候选人公示》和《中标通知书》格式原则上不得修改。

(三)否决投标条件。《施工招标文件范本(2019 年版修改版)》附录 B 详细列出了否决投标条件。否决性条款应当明确,易于判断,不可含有评标委员会难以界定的条款。

(四)投标文件的澄清、说明和补正。评标委员会对投标文件中不明确之处,可以书面形式要求投标人进行澄清、说明和补正,但不应作为评审不通过的理由。如投标人不按照评标委员会的要求进行澄清,其评审可不予通过。澄清、说明和补正必须由评标委员会书面提出、投标人书面答复,否则无效。对投标文件进行澄清、说明和补正时来往的书面材料传递,必须在招投标监督管理部门的监督下,由交易中心的工作人员进行。

(五)对投标文件真实性的查询。评标委员会须以广西建筑业企业诚信信息库审核通过的投标人的资质、营业执照、主要人员资格、信誉等申报材料为准。若投标人所提供信息与信息库上的相关内容不符,不予通过评审。(说明:自 2016 年 10 月 1 日起,广西壮族自治区各级住房城乡建设主管部门仅审核专职投标员、项目经理、专职安全员、总监理工程师、招标代理员等人员的入库信息,其他人员信息由投标人自行录入并保证真实性,如评标委员会对入库人员或企业在广西建筑业企业诚信信息库中的信息有所怀疑时,可书面要求投标人提供相关证明材料。)

(六)考核期的确定。类似业绩、奖项、工法的考核期均以竣工验收报告落款之日或颁奖文件发布落款之日或工法通知发布之日起至投标截止之日止。

七、合同条款及格式有关说明

(一)《施工招标文件范本(2019 年版修改版)》仅列出合同协议书及专用合同条款,通用合同条款全部采用《建设工程施工合同(示范文本)》(GF-2017-0201)。

(二)合同价格形式包括单价合同、总价合同及其他价格形式。实行工程量清单计价的房屋建筑及市政基础设施工程,宜采用单价合同方式;建设规模较小、技术难度较低、工期较短的建筑工程,发承包双方可以采用总价合同方式;紧急抢险、救灾以及施工技术特别复杂的建筑工程,发承包双方可以采用其他价格形式。

(三)专用条款中的合同文件优先顺序约定时,不能对前五项内容顺序进行调整,双方仅能根据所采取的合同方式对(6)—(9)顺序进行约定。采取总价方式合同的,建议将“图纸”列在“已标价工程量清单或预算书”前;采取单价方式合同的,建议将“已标价工程量清单或预算书”列在“图纸”前。

(四)关于监理人的内容和权限。如发包人另行委托造价咨询企业对该项目的造价进行跟踪审查的,应在专用合同条款中进一步明确业主、监理、造价咨询企业以及其他相关部门对造价管理的权限。

（五）关于提前竣工（赶工）增加费计算方法约定有两种情况：（1）房屋建筑工程要求工期低于定额工期时，应在招标工程量清单中增列“提前竣工（赶工）增加费清单项目”，由投标人根据招标工期压缩情况自主报价，不需在专用合同中约定。（2）专用合同中约定的提前竣工（赶工）增加费是指在合同工期基础上业主要求提前竣工所增加的措施费和奖励。可在专用合同中约定每提前一日历天增加的金额或对应压缩时段按总造价的一定百分比计算。同时，建议在专用合同中约定“如施工过程中业主要求的压缩工期远超出常规时，双方可根据实际采取的施工方案另行确认提前竣工（赶工）费”。

八、工程量清单有关说明

《施工招标文件范本（2019 年版修改版）》第五章“工程量清单”由招标人根据工程量清单的国家标准、我区相关规定，以及招标项目具体特点和实际需要编制，并与“投标人须知”“专用合同条款”“技术标准和要求”“图纸”相衔接。

九、图纸有关说明

《施工招标文件范本（2019 年版修改版）》第六章“图纸”由招标人根据招标项目具体特点和实际需要编制，并与“投标人须知”“专用合同条款”“技术标准和要求”相衔接。

十、技术标准和要求有关说明

《施工招标文件范本（2019 年版修改版）》第八章“技术标准和要求”由招标人根据招标项目具体特点和实际需要编制。“技术标准和要求”中的各项技术标准应符合国家强制性标准，不得要求或标明某一特定的专利、商标、名称、设计、原产地或生产供应者，不得含有倾向或者排斥潜在投标人的其他内容。如果必须引用某一生产供应者的技术标准才能准确或清楚地说明拟招标项目的技术标准时，则应当在参照后面加上“或相当于”字样。

十一、扫描件有关说明

除在建筑工程外，投标文件中所有证明材料的扫描件均取自广西建筑业企业诚信信息库，并应为原件的扫描件。

十二、其他说明

根据最高人民法院等 9 部门《关于在招标投标活动中对失信被执行人实施联合惩戒的通知》（法〔2016〕285 号）规定，招标人委托招标代理机构开展招标事宜的，应当通过“信用中国”网站查询其失信被执行人信息，鼓励优先选择无失信记录的招标代理机构；依法必须进行招标的工程建设项目，对在评标阶段通过“信用中国”网站查询其被列为失信被执行人的投标人（如为联合体时，联合体中有一个或一个以上成员属于失信被执行人的，联合体视为失信被执行人），依法对其投标活动予以限制；不得聘用评标时期在“信用中国”网站中被列为失信被执行人的人员担任评标专家；招标人、招标代理机构、有关单位应采取必要方式做好失信被执行人信息查询记录和证据留存。

根据《广西壮族自治区建筑市场主体“黑名单”管理办法（试行）》（桂建发〔2018〕5 号）规定，投标人、拟派项目经理不得为建筑市场主体“黑名单”（以评标阶段通过建筑市场监管与诚信信息一体化平台网址 http://dn4.gxzjt.gov.cn:1141/WebInfo/Default.aspx 查询的结果为准）

备注：此款可由招标人自主选择，如不采用，还须向本项目招标的监督部门说明理由。

广西建筑业企业诚信信息库仅包括与房建市政工程有关的施工、监理、检测、招标代理、园林绿化等类型的企业、人员、项目及诚信信息。其他非房建市政类工程项目的招标人不得要求投标人信息以诚信库信息为准。以下所有“投标人信息以广西建筑业企业诚信信息库为准”的表述,均同此说明。

《施工招标文件范本(2019 年版修改版)》不明确之处由南宁市住房和城乡建设局负责解释。

《施工招标文件范本(2019 年版修改版)》将根据实际执行过程中出现的问题及时进行修改。各使用单位或个人对本范本的修改意见和建议,可向南宁市住房和城乡建设局建设工程招投标监管科反映。

目　录

第一章　招标公告

第二章　投标人须知

投标人须知前附表(见模块三)

投标人须知正文部分

1　总则

1.1　项目概况

1.1.1　根据《中华人民共和国招标投标法》等有关法律、法规和规章的规定,本招标项目已具备招标条件,现对本标段施工进行招标。

1.1.2　本招标项目招标人:见"投标人须知前附表"。

1.1.3　本标段招标代理机构:见"投标人须知前附表"。

1.1.4　本招标项目名称及项目招标编号:见"投标人须知前附表"。

1.1.5　本标段建设地点:见"投标人须知前附表"。

1.2　资金来源和落实及增值税计税方法情况

1.2.1　本招标项目的资金来源:见"投标人须知前附表"。

1.2.2　本招标项目的出资比例:见"投标人须知前附表"。

1.2.3　本招标项目的资金落实情况:见"投标人须知前附表"。

1.2.4　本招标项目的增值税计税方法:见"投标人须知前附表"。

1.3　招标范围、计划工期和质量要求

1.3.1　本次招标范围:见"投标人须知前附表"。

1.3.2　本标段的要求工期:见"投标人须知前附表"。

1.3.3　本标段的质量要求:见"投标人须知前附表"。

1.4　投标人资格要求

1.4.1　投标人应具备承担本项目施工的资质条件、能力、诚信等要求。

(1)资质条件:见"投标人须知前附表";

(2)财务要求:见"投标人须知前附表";

(3)业绩要求:见"投标人须知前附表";

(4)诚信要求:见"投标人须知前附表";

(5)项目经理资格:见"投标人须知前附表";

(6)专职安全员要求:见"投标人须知前附表";

(7)其他要求:见"投标人须知前附表"。

1.4.2　"投标人须知前附表"规定接受联合体投标的,除应符合本章第1.4.1项和"投标人须知前附表"的要求外,还应遵守以下规定:

(1)联合体各方应按招标文件提供的格式签订联合体协议书,明确联合体牵头人和各方权利义务;

(2)由同一专业的单位组成的联合体,按照资质等级较低的单位确定资质等级;

(3)联合体各方不得再以自己名义单独或参加其他联合体在同一标段中投标。

1.4.3 投标人不得存在下列情形之一：

(1)与招标人存在利害关系可能影响招标公正性的法人、其他组织；

(2)为本标段前期准备提供设计或咨询服务的，但设计施工总承包的除外；

(3)为本标段的监理人；

(4)为本标段的代建人；

(5)为本标段提供招标代理服务的；

(6)与本标段的监理人或代建人或招标代理机构同为一个法定代表人的；

(7)与本标段的监理人或代建人或招标代理机构相互控股或参股的；

(8)与本标段的监理人或代建人或招标代理机构相互任职或工作的；

(9)吊销或暂扣营业执照、安全生产许可证期间；

(10)在本行政区域被暂停或取消投标资格的；

(11)财产被接管或基本账户被冻结的；

(12)有骗取中标或严重违约或工程质量安全问题，在本行政区域正处在停业整顿或暂停投标期间的；

(13)被责令停业的。

备注：代建人是指政府通过招标方式对公益型、非经营性政府投资且经发改委批复同意实施代建的项目选择的社会专业化的项目管理企业，代建人须经过政府采购平台招标中标，并在建设行政主管部门备案，其代建内容包含代为项目业主履行项目施工招标、投资管理、建设实施及竣工验收后移交给使用单位等工作。PPP 项目的社会资本方及工程总承包项目的总承包方作为代建人的不在此范畴。

1.4.4 单位负责人为同一人或者存在控股、管理关系的不同单位，不得参加同一标段投标或者未划分标段的同一招标项目投标，违反本规定的，相关投标均无效。

1.5 费用承担

投标人准备和参加投标活动发生的费用自理。

1.6 保密

参与招标投标活动的各方应对招标文件和投标文件中的商业和技术等秘密保密，违者应对由此造成的后果承担法律责任。

1.7 语言文字

除专用术语外，与招标投标有关的语言均使用中文。必要时专用术语应附有中文注释。

1.8 计量单位

所有计量均采用中华人民共和国法定计量单位。

1.9 踏勘现场

1.9.1 投标人根据需要自行踏勘项目现场。

1.9.2 投标人踏勘现场发生的费用自理。

1.9.3 投标人自行负责在踏勘现场中所发生的人员伤亡和财产损失。

1.10 投标预备会

不召开。

1.11　**分包**

投标人拟在中标后将中标项目的部分非主体、非关键性工作进行分包的，应符合“投标人须知前附表”规定的分包内容、分包金额和接受分包的第三人资质要求等限制性条件。

1.12　**偏离**

不允许。

2　招标文件

2.1　招标文件的组成

2.1.1　本招标文件包括：

(1)招标公告(或投标邀请书)；

(2)投标人须知；

(3)评标办法；

(4)合同条款及格式；

(5)工程量清单(电子版，后缀名“.gxzb”)；

(6)招标控制价；

(7)图纸(电子图，RAR、ZIP 压缩文件)；

(8)危险性较大的分部分项工程清单(如有)；

(9)技术标准和要求；

(10)投标文件格式；

(11)“投标人须知前附表”规定的其他材料。

2.1.2　根据本章第 2.2 款和第 2.3 款对招标文件所作的澄清、修改，构成招标文件的组成部分。当招标文件及其澄清、修改或补充文件对于同一内容表述不一致时，以最后发出的书面文件为准。

2.2　招标文件的澄清

2.2.1　投标人应仔细阅读和检查招标文件的全部内容，如有疑问或异议，应在投标人须知前附表规定的时间前通过南宁市公共资源交易系统进行网上投标询疑，要求招标人(招标代理)对招标文件予以澄清。

2.2.2　招标人对招标文件的澄清将在“投标人须知前附表”规定的投标截止时间 15 日前(不涉及招标文件实质性内容修改的除外)以“投标人须知前附表”规定的方式发布，并提供给所有下载了招标文件的投标人下载，但不得指明澄清问题的来源。如果澄清发出的时间距投标截止时间不足 15 日，相应延长投标截止时间。

2.2.3　投标人确认收到澄清的方式：见“投标人须知前附表”。

2.3　招标文件的修改

2.3.1　在投标截止时间 15 日前，招标人可以对招标文件进行修改，如修改涉及评标办法和投标文件格式的内容，招标人应将修改后的招标文件重新上传并通过南宁市公共资源交易系统通知所有下载了招标文件的投标人，投标人应按修改后的招标文件制作投标文件。如果修改招标文件的时间距投标截止时间不足 15 日，相应延长投标截止时间。

2.3.2　当招标文件、招标文件的修改、补充在同一内容表述不一致时，以最后的更正、补遗、澄清为准。未在系统发布的更正、补遗、澄清为无效更正、补遗、澄清。

招标人应根据系统发布的更正、补遗、澄清重新生成招标文件。除更正、补遗、澄清内容外,其他内容以原招标文件为准。

2.3.3　为使投标人在编制投标文件时有充分的时间对招标文件的修改、补充等内容进行研究并做出响应,招标人可酌情延长提交投标文件的截止时间,具体时间在招标文件的修改、补充等通知中予以明确。

2.3.4　招标文件的修改或补充报招标管理机构备案后,在南宁市公共资源交易系统网站上进行发布。招标文件的修改内容作为招标文件的组成部分,具有约束作用。

3　投标文件

3.1　投标文件的组成

3.1.1　投标文件应包括下列内容:

3.1.1.1 资格审查部分:具体材料见“投标人须知前附表”;

3.1.1.2 商务标部分:具体材料见“投标人须知前附表”;

3.1.1.3 技术标部分:具体材料见“投标人须知前附表”,其中施工组织设计具体内容如下:

(1)概述;

(2)主要施工方法;

(3)拟投入的主要物资计划;

(4)拟投入的主要施工机械、设备计划;

(5)劳动力安排计划;

(6)确保工程质量的技术组织措施;

(7)确保安全生产的技术组织措施;

(8)确保工期的技术组织措施;

(9)确保文明施工的技术组织措施;

(10)工程施工的重点和难点及保证措施;

(11)施工总平面布置图;

(12)其他(如有)(与评标办法前附表技术标评分标准一致)。

3.1.2　招标文件“第九章投标文件格式”有规定格式要求的,投标人应按规定的格式填写并按要求提交相关的证明材料。

3.1.3　“投标人须知前附表”规定不接受联合体投标的,或投标人没有组成联合体的,投标文件不包括本章第 3.1.1.1 中所指的联合体协议书。

3.1.4　近年财务状况、完成的类似项目、发生的诉讼及仲裁情况的年份要求:见“投标人须知前附表”。

3.2　投标报价

3.2.1　投标人应按第五章“工程量清单”的要求填写相应表格。

3.2.2　投标人在投标截止时间前修改投标函中的投标总报价,应同时修改第九章“投标文件格式”中的相应报价。此修改须符合本章第 4.3 款的有关要求。

3.3　投标有效期

3.3.1　在投标人须知前附表规定的投标有效期内,投标人不得要求撤销或修改其投标文件。

3.3.2　出现特殊情况需要延长投标有效期的，招标人通过南宁市公共资源交易系统通知所有投标人延长投标有效期。投标人同意延长的，应相应延长其投标保证金的有效期，但不得要求或被允许修改或撤销其投标文件；投标人拒绝延长的，其投标失效，但投标人有权收回其投标保证金。

3.4　**投标保证金**

3.4.1　投标人必须在投标截止时间前，按"投标人须知前附表"规定的金额、方式和第九章"投标文件格式"规定的投标保证金格式递交投标保证金。投标保证金的递交情况以南宁市公共资源交易系统记录为准。联合体投标的，其投标保证金由牵头人递交，并应符合"投标人须知前附表"的规定。

3.4.2　投标人不按本章第3.4.1项要求提交投标保证金的，其投标文件作否决投标处理。

3.4.3　对未中标人缴纳的投标保证金（保函原件）应当于中标通知书发出之日起5日内退回；对中标人缴纳的投标保证金（保函原件）应当于合同签订之日起5日内退回。

3.4.4　有下列情形之一的，投标保证金将不予退还：

（1）投标人在规定的投标有效期内撤销或修改其投标文件；

（2）中标人在收到中标通知书后，无正当理由拒签合同协议书或未按招标文件规定提交履约保证金。

3.4.5　投标保函约定

（1）投标人以保函形式提交的投标保证金应当从其基本账户开户银行开具，如保函不是从其基本账户开户银行开具的，则须由开具保函的银行或担保机构提供从其基本账户转账划付资金的收款凭证或收费凭证（凭证须注明对应的保函编号，并在编号处加盖银行印章予以确认）。

（2）投标保证金采取保函形式的，提交流程和核验方式的具体要求如下：

全电子流程项目：投标人将保函原件电子扫描件作为投标文件的组成部分同步上传至南宁市公共资源统一交易平台，否则投标无效。在相关项目（标段）投标时间截止时，投标人在开标现场提交单独密封的保函原件，由招标人核验保函信息，确认保函是否有效后交由交易中心管理。投标人提交的保函原件未单独密封的，原件无效的或未能在投标截止时间前现场提交的，投标无效。

（3）投标人所提交的保函其有效期不能少于招标文件规定的投标有效期，且仅限于当次投标项目（标段）有效，不得重复替代使用。一个招标项目有多个标段并允许投标人分别报名的，投标人应按项目、标段分别提交保函。

（4）保函的退还方式。

①非中标人的保函退还。在项目《中标通知书》发出后，招标人或招标代理机构应在3个工作日内向交易中心提供《非中标人投标保证金退还通知书》，交易中心应在收到通知书之后的2个工作日内通知非中标人，非中标人持相关授权证明材料至交易中心办理保函原件退还手续。

②中标人的保函退还。招标人与中标人签订项目合同后，应在3个工作日内向交易中心提供《中标人投标保证金退还通知书》，交易中心在收到通知书之后的2个工作日内通知中标人，中标人持相关授权证明材料至交易中心办理保函原件退还手续。

（5）投标人如违反法律法规或招标文件相关规定，保函原件不予退还，并按相关规定由出具保函的银行、担保机构承担投标人违约赔付责任;投标人已中标的,中标无效。

(6)采用保函之外的支付方式(电汇、转账、网银支付等)缴纳投标保证金的,按南宁市公共资源交易监督办《关于印发南宁市公共资源交易项目投标保证金集中管理办法的通知》(南公管办发〔2015〕4号)的规定执行,即在相关项目(标段)投标截止时,在开标现场公示南宁市公共资源交易中心出具的《项目保证金到账信息表》,由招标人(或招标代理机构)查验投标保证金的缴纳情况。未按规定缴纳投标保证金的,投标无效。

3.5 **备选投标方案**

除"投标人须知前附表"另有规定外,投标人不得递交备选投标方案。允许投标人递交备选投标方案的,只有中标人所递交的备选投标方案方可予以考虑。评标委员会认为中标人的备选投标方案优于其按照招标文件要求编制的投标方案的,招标人可以接受该备选投标方案。

3.6 **投标文件的编制**

3.6.1 投标文件应按第九章"投标文件格式"进行编写,如有必要,可以增加附页,作为投标文件的组成部分。其中,投标函附录在满足招标文件实质性要求的基础上,可以提出比招标文件要求更有利于招标人的承诺。

3.6.2 投标文件应当对招标文件有关工期、投标有效期、质量要求、技术标准和要求、招标范围等实质性内容作出响应。

3.6.3 投标文件应采用南宁市公共资源招投标会员网上交易系统兼容的投标文件制作软件制作,电子投标文件由投标人在招标文件规定的投标文件相关位置加盖投标人法人单位及法定代表人电子印章。投标文件未经投标人单位或法定代表人加盖电子印章的,均作否决投标处理。

3.6.4 电子投标文件一份。

3.6.5 未加密的电子投标文件光盘的具体装订要求见"投标人须知前附表"规定。

3.6.6 补充内容:投标文件编制的其他要求详见"投标人须知前附表"。

4 **投标**

4.1 **投标文件的加密和数字证书认证**

4.1.1 投标文件应通过投标文件制作软件进行制作,并通过数字证书认证和加密,最终同时生成2份文件,一份加密格式(*.GXTF)的投标文件,一份不加密格式(*.NGXTF)的投标文件。

4.1.2 未按本章第4.1.1项要求加密和数字证书认证的投标文件,为无效投标文件。

4.2 **未加密的电子投标文件光盘的密封和标记**

4.2.1 未加密的电子投标文件光盘应按"投标人须知前附表"的要求进行包装,加贴封条,并在封套的封口处加盖投标人单位公章。

4.2.2 未加密的电子投标文件光盘密封封套上应写明其他内容见"投标人须知前附表"。

4.3 **投标文件的递交**

4.3.1 投标人应在投标人须知前附表第2.2.2项规定的投标截止时间前,向南宁市公共资源招投标会员网上交易系统提交加密后的电子投标文件,并同时提供未加密的电子投标文件光盘(与加密的电子投标文件为同时生成的版本)。

4.3.2　递交投标文件地点：见投标人须知前附表，未在开标截止时间前通过网上招投标系统提交有效电子投标文件的，南宁市公共资源招投标会员网上交易系统不予接收。逾期上传的或者未送达指定地点的投标文件，为无效投标文件。

4.3.3　是否退还投标文件：见“投标人须知前附表”。

4.4　投标文件的修改与撤回

4.4.1　在投标人须知前附表第 2.2.2 项规定的投标截止时间前，投标人可以修改或撤回已提交的投标文件，最终投标文件以投标截止时间前上传至南宁市公共资源招投标会员网上交易系统的最后一份投标文件为准。

4.4.2　修改的内容为投标文件的组成部分。

5　开标

5.1　开标时间和地点

招标人在本章第 2.2.2 项规定的投标截止时间（开标时间）和“投标人须知前附表”规定的地点公开开标，并邀请所有投标人的法定代表人或其委托代理人准时参加。委托代理人应当按时参加开标会并签到，并在投标截止前到南宁市公共资源交易中心指定地点进行被授权的专职投标员持专职投标员本人的身份证原件（如法定代表人参加开标会时可持本人身份证原件及本企业任一专职投标员的身份证复印件）、本项目拟派项目经理和拟派所有专职安全员的身份证复印件验证，否则招标人不予受理；如其中任何一人的广西建筑业企业诚信信息库信息被锁定无效，则退回其投标文件，并制作记录。验证、参加开标会和签署投标文件的专职投标员必须为同一人，否则作无效投标处理。

招标代理机构的招标代理员必须到场，并向招标人出示本人身份证原件并验证核验。

开标会由招标人或其委托的招标代理机构主持。

5.2　开标程序

主持人按以下程序进行开标：

（1）宣布开标纪律；

（2）宣布开标人、唱标人、记录人等有关人员名单；

（3）公布在投标截止时间前递交投标文件的投标人名称及身份证验证等情况；

（4）由招标人代表检查投标人的资格证件（包括专职投标员身份证、授权委托书等）；公布投标人名称、标段名称、投标保证金的递交情况；

（5）检查并确认未加密的电子投标文件光盘的密封是否完好并符合招标文件的要求（由投标人自行选择是否提交未加密的电子投标文件光盘，但不提交未加密的电子投标文件光盘的，不作为否决条件；如出现招标文件投标须知正文 5.3 情形时，投标人未在投标截止时间前递交电子光盘的，自行承担后果）；

（6）按照上传投标文件的先后顺序依次由专职投标员持 CA 锁解密；

（7）招标代理对投标文件进行二次解密；

（8）公布解密情况（解密是否成功、投标人名称、投标家数等情况）；

（9）招标人代表随机抽取 K 值和 K' 值（如有）；

（10）公布投标人名称、标段名称、投标保证金的提交情况、投标报价、质量目标、工期及其他内容；

(11)公布招标控制价及相关内容;设有标底的,公布标底;

(12)投标人代表、招标人代表、监标人、记录人等有关人员在开标记录上签字确认;

(13)开标结束。

5.3 电子开标的应急措施

5.3.1 电子开标如出现下列原因,导致系统无法正常运行,或者无法保证招投标过程的公平、公正和信息安全时,招标监管部门和交易中心应采取应急措施。

(1)系统服务器发生故障或停电等情况,无法访问或无法使用系统;

(2)系统的软件或数据库出现错误,不能进行正常操作;

(3)系统发现有安全漏洞,有潜在的泄密危险;

(4)病毒发作或受到外来的攻击;

(5)其他无法保证招投标过程公平、公正和信息安全的情形。

出现上述情况时,应对未开标的暂停开标。已在系统内开标立即停止,经招标监督部门确认后,可采用未加密的电子投标文件光盘和应急开标系统开标。若仍无法正常开标,则对原有资料及信息作出保密处理,或等待系统恢复正常后再组织进行开标。

5.3.2 投标人在个人解密开始后15分钟内完成投标文件的解密工作(以南宁市公共资源交易系统解密倒计时为准)。因投标人原因造成投标文件在规定时间内未解密的,视为投标人撤销其投标文件;因投标人之外的原因造成投标文件在规定时间内未解密的,经招标监督部门确认并经招标人同意后,招标人可在开标现场直接导入投标人在投标截止时间前递交的未加密的电子投标文件光盘进行开标;如投标人电子光盘未提供或无法导入上传时,视为投标人撤销其投标文件。

5.3.3 因网络问题或者诚信库系统问题导致电子开标系统无法正常访问诚信库进行身份证验证时,可暂停开标,等待网络或者诚信库恢复访问时再进行身份证验证。如投标人在投标截止时间前已正常提交相关开评标材料,但因以上原因导致系统显示验证迟到的,经过招标监督部门和招标人确认后,可以继续进行开标。

5.3.4 开标时显示保证金状态为未提交时,应通过当地交易中心、系统维护方以及银行核实原因。如果是因为投标人提交保证金的账号与诚信库备案的企业基本户不一致的,或者投标人提交的保证金金额少于招标文件要求的,经过招标监督部门确认并经招标人同意后,招标人在开标时当场拒收其投标,不得进入评标。如果是因为网络原因或者广西电子招标投标系统、银行系统原因导致的,并且银行最终确认投标人已按时足额提交了保证金的,可以继续进行开标。

5.4 不予开标

符合下列情况之一的投标,招标人拒绝受理或在开标室当场拒绝其投标,不得进入评标:

(1)加密的电子投标文件未能在投标截止时间前成功上传的;

(2)投标人法定代表人或被授权的专职投标员未按时出席开标会或开标要求的授权委托书完整材料和身份证未通过核验或验证的(或其中任何一人的身份证被锁定无效的)。

(3)现场持身份证的专职投标员与通过身份证验证、授权出席开标会、授权签署投标文件的专职投标员非同一人的。

(4)投标人拟投入项目经理被标注为注册状态异常,且拟投入的项目经理本人未持本人身份证原件出席开标会现场的。

5.5　开标异议

投标人对开标有异议的,应当在开标现场提出,招标人应当场答复,并制作记录。

6　评标

6.1　评标委员会

6.1.1　评标由招标人依法组建的评标委员会负责。评标委员会成员人数以及技术、经济等方面专家的确定方式见“投标人须知前附表”。截标前,招标人应就评委会组成情况通过南宁市公共资源交易系统向招标监督部门提交申请。

6.1.2　评标委员会成员有下列情形之一的,应当回避:

(1)投标人或者投标人主要负责人的近亲属;

(2)招标项目主管部门或者招标投标行政监督部门的工作人员;

(3)与投标人有经济利益关系,可能影响对投标公正评审的人员;

(4)与投标人有其他利害关系的人员。

6.1.3　有下列情形之一的专家不能参与评标活动,应主动退出:

(1)曾在招标投标活动中从事违法行为而受过行政处罚或者刑事处罚的人员;

(2)评标时期在“建筑市场监管与诚信信息一体化平台”被列为建筑市场主体“黑名单”的人员;

(3)评标时期在“信用中国”网站中被列为失信被执行人的人员。

6.2　评标原则

6.2.1　评标活动遵循公平、公正、科学和择优的原则。

6.2.2　电子评标的应急措施:

开标结束后,因电子招标投标系统故障无法评标时,经招标监督部门同意后,招标人可以选择暂停评标活动,等待故障排除后继续评标;也可以选择启用未加密的电子投标文件光盘,使用应急评标系统继续进行评标活动。评标前评标委员会应验证上传的投标文件与未加密的电子投标文件光盘的一致性,如出现不一致的情况,评标委员会应否决其投标。远程评标时如遇上述情形,经招标监督部门确认后,可在本地抽取专家,采用未加密的电子投标文件光盘进行继续评标,或等待系统恢复正常后再组织评标。采取应急措施时,必须对原有资料及信息作出妥善保密处理。

6.3　评标方式

评标委员会按照第三章“评标办法”规定的方法、评审因素、标准和程序对投标文件进行评审。第三章“评标办法”没有规定的方法、评审因素和标准,不作为评标依据。具体评标方式见“投标人须知前附表”。

6.4　移交评标资料

评标委员会完成评标后,立即通过南宁市公共资源交易系统提交评标报告和中标候选人名单,并同时向招标人移交所有评标所涉资料。

6.5　评标资料封存和启封

6.5.1　评标结束至中标通知书发放时,招标人按“投标人须知前附表”规定的封存方式封存评标资料。

6.5.2　如在封存期间处理招标投标利害当事人提出异议或者投诉时需要启封评标资料的,应按当地招投标监督管理部门规定的程序启封。

6.5.3　评标资料封存和启封应符合当地招投标监督管理部门的规定。

6.6　中标候选人公示

6.6.1　招标人在收到评标报告之日起 3 日内通过南宁市公共资源交易系统对外发布，公示期不少于 3 个工作日。按照“投标人须知前附表”约定还需在其他媒介上公示的，公示内容、公示期限应以南宁市公共资源交易系统发布的公示为准。

6.6.2　投标人或者其他利害关系人对评标结果有异议的，应当在中标候选人公示期间提出。招标人自收到异议之日起 3 日内答复。对招标人答复不满意或招标人拒不答复的，投标人可按照本章第 9.5 条的规定程序向有关行政监督部门投诉。

6.6.3　招标人对中标候选人有投诉的，按照本章第 9.5 条的规定程序执行。

6.7　履约能力审查

在中标通知书发出前，如果中标候选人的经营、财务状况发生较大变化或存在“投标人须知前附表”规定的情形，可能造成不能履行合同、无法按照招标文件要求提交履约保证金等情形，不符合中标条件的，应在中标公示期及时书面告知招标人。

如招标人认为中标候选人的经营、财务状况发生较大变化存在违法行为、或存在“投标人须知前附表”规定的情形，可能影响其履约能力的，应当在中标通知书发出前由原评标委员会按照招标文件规定的标准和方法审查确认。

7　合同授予

7.1　定标方式

除“投标人须知前附表”规定评标委员会直接确定中标人外，招标人依据评标委员会推荐的中标候选人确定中标人，评标委员会推荐中标候选人的人数见“投标人须知前附表”。

7.2　中标通知及中标公告

中标候选人公示期满无异议或异议不成立的，招标人应在公示期结束后 5 日内按照招标文件规定的定标方式确定中标人，招标人应当自确定中标人之日起 15 日内，向工程所在地的县级以上地方人民政府建设行政主管部门提交施工招标投标情况的书面报告，建设行政主管部门自收到书面报告之日起 5 日内未通知招标人在招标投标活动中有违法行为的，招标人可以向中标人发出中标通知书，同时按规定的格式在南宁市公共资源交易系统网站发出中标公告。

备注：属政府采购项目的还应同时在广西壮族自治区政府采购网发出中标公告)，将中标结果通知未中标的投标人。

7.3　履约保证金

7.3.1　在签订合同前，中标人应按“投标人须知前附表”规定的金额、担保形式和招标文件第四章“合同条款及格式”规定的履约担保格式向招标人提交履约保证金。联合体中标的，其履约保证金由牵头人递交，并应符合“投标人须知前附表”规定的金额、担保形式和招标文件第四章“合同条款及格式”规定的履约担保要求。

7.3.2　中标人不能按本章第 7.3.1 项要求提交履约保证金的，视为放弃中标，招标人有权没收其投标保证金，给招标人造成的损失超过投标保证金数额的，中标人还应当对超过部分予以赔偿。

7.4　签订合同

7.4.1　招标人和中标人应当在投标有效期内以及中标通知书发出之日起 30 天内，根据招标文件和中标人的投标文件订立书面合同。中标人无正当理由拒签合同的,招标人取消其中标资格,招标人有权没收其投标保证金;给招标人造成的损失超过投标保证金数额的,中标人还应当对超过部分予以赔偿。对依法必须招标的项目的中标人,由有关行政监督部门责令改正。

7.4.2　国有资金占控股或者主导地位的依法必须进行招标的项目,招标人应当确定排名第一的中标候选人为中标人。排名第一的中标候选人(或者评标委员会依据招标人的授权直接确定的中标人)放弃中标,或因不可抗力提出不能履行合同,或者被查实存在影响中标结果的违法行为等情形,不符合中标条件的,招标人可以按照评标委员会提出的中标候选人名单排序(或者评标结果排序)依次确定其他中标候选人为中标人。依次确定其他中标候选人与招标人预期差距较大,或者对招标人明显不利的,招标人可以重新招标。

7.4.3　发出中标通知书后,招标人无正当理由拒签合同的,由有关行政监督部门给予警告,责令改正。同时招标人向中标人退还投标保证金,给中标人造成损失的,还应当赔偿损失。

8　重新招标和不再招标

8.1　重新招标

有下列情形之一的,招标人将重新招标:

(1)投标截止时,投标人少于 3 个的;

(2)经评标委员会评审后,所有投标被否决或者部分投标被否决后,有效投标不足 3 个,导致投标明显缺乏竞争的;

(3)其他有关法规和文件规定的应当重新招标的情形。

8.2　不再招标

重新招标后投标人仍少于 3 个或者所有投标被否决的,属于必须审批或核准的工程建设项目,经原审批或核准部门批准后可不再进行招标。

9　纪律和监督

9.1　对招标人或招标代理机构的纪律要求

招标人不得泄露招标投标活动中应当保密的情况和资料,不得与投标人串通损害国家利益、社会公共利益或者他人合法权益。有下列情形之一的,属于招标人或招标代理机构与投标人串通投标:

(1)招标人在开标前开启投标文件并将有关信息泄露给其他投标人;

(2)招标人直接或者间接向投标人泄露标底、评标委员会成员等信息;

(3)招标人明示或者暗示投标人压低或者抬高投标报价;

(4)招标人授意投标人撤换、修改投标文件;

(5)招标人明示或者暗示投标人为特定投标人中标提供方便;

(6)招标人与投标人为谋求特定投标人中标而采取的其他串通行为;

(7)发现不同投标人的法定代表人、委托代理人、项目负责人属于同一单位,仍同意其继续参加投标;

(8)招标人(招标代理机构)编制的招标公告、招标文件专门为某个特定投标人设置明显倾向性条款;

（9）在规定提交投标文件截止时间后，协助投标人撤换或修改投标文件（包括修改电子投标文件相关数据）；

（10）发现有由同一人或存在利益关系的几个利害关系人携带两个以上（含两个）投标人的企业资料参与领取招标资料，或代表两个以上（含两个）投标人缴纳或退还投标保证金、开标等情形而不制止，反而同意其继续参加投标的；

（11）在开标时发现不同投标人的投标资料（包括电子资料）相互混装等情形而不制止，反而同意其继续参加评标的；

（12）招标代理机构在同一房屋建筑和市政工程招标投标活动中，既为招标人提供招标代理服务又为参加该项目投标人提供投标咨询的；

（13）在招标文件以外招标人（招标代理机构）与投标人之间另行约定给予未中标的其他投标人费用补偿的；

（14）在评标时，对评标委员会进行倾向性引导或干扰正常评标秩序的；

（15）依法应当公开招标的建设工程，未确定中标人前，投标人已开展该工程招标范围内工作。

9.2 对投标人的纪律要求

9.2.1 投标人不得相互串通投标或者与招标人串通投标，不得向招标人或者评标委员会成员行贿谋取中标，不得以他人名义投标或者以其他方式弄虚作假骗取中标；投标人不得以任何方式干扰、影响评标工作。有下列情形之一的，属于投标人相互串通投标：

（1）投标人之间协商投标报价等投标文件的实质性内容；

（2）投标人之间约定中标人；

（3）投标人之间约定部分投标人放弃投标或者中标；

（4）属于同一集团、协会、商会等组织成员的投标人按照该组织要求协同投标；

（5）投标人之间为谋取中标或者排斥特定投标人而采取的其他联合行动；

（6）不同投标人的投标文件由同一单位或者个人或者同一台电脑（MAC 码）编制；

（7）不同投标人委托同一个人或注册在同一家企业的注册人员或同一家企业为其投标提供投标咨询、商务报价、技术咨询（招标工程本身要求采用专有技术的除外）等服务；

（8）不同投标人的投标文件载明的项目管理成员为同一人；

（9）不同投标人的技术文件经电子招标投标交易平台查重分析，内容异常一致（相似度达70%以上的）或者实质性相同的，或者投标报价呈规律性差异（不同投标人报价呈等差数列、不同投标人的投标报价的差额本身呈等差数列或者规律性的百分比等）；

（10）在资格审查或开标时不同投标人的投标资料（包括电子资料）相互混装；

（11）不同投标人的投标保证金从同一单位或者个人的账户转出；

（12）不同投标人的投标文件由同一电脑编制、上传，或投标报价用同一个预算编制软件密码锁制作或出自同一电子文档；

（13）不同投标人的投标文件上传的文件制作机器码一致的；

（14）由同一人或分别由几个有利害关系人携带两个以上（含两个）投标人的企业资料参与资格审查、领取招标资料，或代表两个以上（含两个）投标人参加招标答疑会、缴纳或退还投标保证金、开标；

（15）不同投标人的法定代表人、委托代理人、项目负责人、项目总监等人员在同一个单位缴纳社会保险；

(16)投标人之间相互约定给予未中标的投标人费用补偿；

(17)不同投标人编制的投标文件存在两处以上错误一致。

9.2.2 投标人有下列情形之一的，属于投标人弄虚作假：

(1)使用虚假的业绩、荣誉、建设工程合同、财务状况、信用状况等；

(2)提供虚假的项目负责人或者主要技术人员简历、劳动关系证明、社保证明等；

(3)其他弄虚作假的行为。

9.2.3 投标人不得向招标人或评标委员会成员或其他有关人员索问评标过程的情况和材料。

9.3 对评标委员会成员的纪律要求

评标委员会成员不得收受他人的财物或者其他好处，不得向他人透漏对投标文件的评审和比较、中标候选人的推荐情况以及评标有关的其他情况。在评标活动中，评标委员会成员不得擅离职守，影响评标程序正常进行，不得使用第三章“评标办法”没有规定的评审因素和标准进行评标。

9.4 对与评标活动有关的工作人员的纪律要求

与评标活动有关的工作人员不得收受他人的财物或者其他好处，不得向他人透漏对投标文件的评审和比较、中标候选人的推荐情况以及评标有关的其他情况。在评标活动中，与评标活动有关的工作人员不得擅离职守，影响评标程序正常进行。

9.5 投诉

投标人和其他利害关系人认为本次招标活动违反法律、法规和规章规定的，可以在知道或者应当知道之日起十日内向当地招投标监督管理部门提出书面投诉。投诉事项应先提出异议，没有提出异议的，不予受理。

10 需要补充的其他内容

10.1 词语定义

见“投标人须知前附表”。

10.2 招标控制价

招标控制价设置要求见“投标人须知前附表”。

招标人或受其委托具有相应资质的中介机构，按照国家和地区的相关规定及第五章的要求编制招标工程的招标控制价(招标控制价不应上浮或下调)。

原则上招标控制价应于投标截止时间15日前通过南宁市公共资源交易系统网站向所有投标人公布，最迟应当在投标截止时间7日前公布，并报送当地招投标监督管理部门备案。潜在投标人或者其他利害关系人对招标控制价有异议的，应当在投标截止时间5日前提出。招标人应当自收到异议之日起3日内答复。招标人需重新公布招标控制价的，其最终公布的时间到投标截止时间不足7天可能影响投标文件编制的，应顺延提交投标文件的截止时间。

10.3 技术标评审方式

见“投标人须知前附表”。

10.4 电子投标文件

电子投标文件的具体内容要求见“投标人须知前附表”。

10.5 知识产权

招标人对其知识产权的具体要求见“投标人须知前附表”。

10.6 **重新招标的其他情形**

见“投标人须知前附表”。

10.7 **同义词语**

见“投标人须知前附表”。

10.8 **监督**

见“投标人须知前附表”。

10.9 **解释权**

见“投标人须知前附表”。

10.10 **招标人补充的其他内容**

见“投标人须知前附表”。

10.11 **投标人递交投标文件、参加开标会须提交的授权委托书等文件格式**

1.开标授权委托书

本授权委托书声明:我______(姓名)系______________(投标人名称)的法定代表人,我公司自愿参加(项目名称及项目招标编号)的招投标活动,现授权本公司的专职投标员__________(姓名)作为公司的授权代理人,代表我公司递交投标文件、参加开标活动、签署开标记录、澄清投标文件等一系列与项目投标活动有关的事项,代理人在该活动中签署的一切文件和处理与之有关的一切事务,我司均予以承认。

本授权书有效期:________年____月____日至________年____月____日止。

代理人无转委托权,特此委托。

代理人姓名:________性别:________年龄:________

专职投标员身份证号码:__________职务:________

投标人:________(盖单位章)

法定代表人:________(签字或盖章)

授权委托日期:________年________月________日

备注:附法定代表人身份证明及身份证、专职投标员身份证的复印件加盖投标单位公章

2.法定代表人身份证明

投　标　人：

单位性质：

地　　址：

成立时间：________年________月________日

经营期限：

姓　　名：________　性　别：________

年　　龄：________　职　务：________

系________________________________（投标人名称）的法定代表人。

特此证明。

投标人：____________________（盖单位章）

________年________月________日

第三章　评标办法（综合评估法）

评标办法前附表

条款号	评审因素		评审标准
2.1.1	资格评审标准	有限数量制资信审查评分（满分100分，分值权重10%）	1.投标人符合第二章“投标人须知”第1.4项规定的，且按规定提交了第二章“投标人须知前附表”3.1.1项资格审查部分（1）~（9）项内容的，方可进行资信审查评分。 2.资信审查满分为100分，总分60分及以上为合格，按得分由高到低的顺序选择9家投标单位作为合格投标人进入本工程的下一阶段评审，如前第9名有得分相同的，则一并进入下一阶段评审，如参加投标的单位不足9名（含9名），则全部达到合格分数线的投标人进入下一阶段评审。 备注：参照建市〔2005〕208号文，原则上工程投资额1000万元以上的工程项目，合格投标人家数应当不少于9个。

续表

条款号	评审因素			评审标准
2.1.1	资格评审标准	有限数量制资信审查评分（满分100分，分值权重10%）	（一）企业情况（满分20.00分）	(1)资质条件(8分)具备建筑工程施工总承包二级及以上资质的,得5分;具备建筑工程施工总承包一级及以上资质的,得8分; (2)考核期内完成过类似工程项目(5分)2017年1月1日至投标截止时间前完成过类似单项合同金额在10 000万元及以上房屋建筑工程项目业绩的,每个得5分,此项满分5分。(以竣工验收证书的日期为准,附广西建筑业企业诚信信息库链接截图扫描件)(联合体任一成员的业绩可认同为联合体业绩) (3)企业管理体系(2分)企业通过ISO质量体系认证并保持有效的得2分。满分2分。 (4)企业注册情况(5分)投标人(或联合体中任一成员)企业注册地在南宁市且具备独立法人资格的,得5分;其他情形的得3分。满分5分。(以企业营业执照为准)
			（二）企业诚信情况（满分15.00分）	(1)获奖情况(满分10分)①企业完成的工程获得"'省长、自治区主席、直辖市市长质量奖'、中国建设工程鲁班奖、市政金杯示范工程奖、詹天佑土木工程奖",从获奖证书颁发之日起至投标截止之日止不超过三年的,每个得6分。②企业承建或完成的工程获得"国家优质工程奖、中国建筑工程装饰奖、建设工程项目施工安全生产标准化建设工地、中国安装工程优质奖(中国安装之星)",从获奖证书颁发之日起至投标截止之日止不超过三年的,每个得5分。③企业承建或完成的工程获得省级工程质量或安全文明工地奖(建筑施工安全文明标准化工地)、省级建筑装饰工程优质奖,从获奖证书颁发之日起至投标截止之日止不超过两年的,每个得4分。④企业承建或完成的工程获得设区城市级工程质量或安全文明工地奖(建筑施工安全文明标准化工地)的,从获奖证书颁发之日起至投标截止之日止不超过一年的,每个得3分。⑤企业主编或主持完成国家或行业标准,从获奖证书颁发或标准发布之日起至投标截止之日止不超过三年的,每项得3分;参编或参与单位,每项得2分。⑥企业主编或主持完成省级建设工法、省级标准的,从获奖证书颁发或标准发布之日起至投标截止之日止不超过两年的,每项得2分;参编或参与单位,每项得1分。 (2)南宁市级的诚信综合评价(满分5分)根据实时公布的南宁市级的诚信综合评价分(百分制)×5%,由评委在评标室中查询。 备注:投标人是联合体的,获奖情况和诚信综合评价分以联合体成员中高分的一方计取。
			（三）项目经理情况（满分15.00分）	(1)项目经理注册资格(10分)拟投入的项目经理具有建筑工程专业一级注册建造师执业资格证书,且具有有效的安全生产考核合格证书(B类)的,得10分。 (2)项目经理职称(5分)拟投入的项目经理具有中级及以上技术职称的,得5分。未提供投标人为其缴纳的2020年4月至2020年6月社会保险的证明材料复印件的视为资格审查不合格。

续表

条款号	评审因素			评审标准
2.1.1	资格评审标准	有限数量制资信审查评分（满分100分，分值权重10%）	(四)技术负责人情况(满分10.00分)	拟投入项目技术负责人具有高级职称的，得10分；具有中级职称的得7分； 未提供投标人为其缴纳的2020年4月至2020年6月社会保险的证明材料复印件的视为资格审查不合格。
			(五)拟投入本工程管理人员情况(满分10.00分)	①拟投入本工程主要四大员(施工员、质检员、安全员、材料员)必须全部持证上岗且年检合格，以上四大岗位中缺项时，视为资格审查不合格。② 拟投入本工程施工的主要技术管理人员配备、执证上岗(执业资格证书或是上岗证书)情况。此项满分10分。 优(10分)：拟投入本工程主要管理人员完全满足或优于施工需要，各专业人员配备齐全，且均有丰富工作经验，综合素质优秀，并有主要专业储备人员。 良(7分)：拟投入本工程主要管理人员满足施工需要，各专业人员配备较齐全，均有一定的工作经验，综合素质良好。 中(4分)：拟投入本工程主要管理人员基本能满足施工需要，综合素质一般。 差(1分)：拟投入本工程主要管理人员不能满足施工需要。 备注：本项目要求项目机构管理人员配备上要同时满足以下要求：安全员不得少于3人。投标人不满足此要求的，视为不满足施工需要，本项评分计0分。 未提供投标人为其缴纳的2020年4月至2020年6月社会保险的证明材料复印件的视为资格审查不合格。
			(六)拟投入施工机械设备情况(满分5.00分)	优(5分)：拟投入的主要、辅助施工设备、器具齐全且配备科学合理，设备型号、数量完全满足施工需要。 良(3分)：拟投入的主要、辅助施工设备、器具齐全且配备科学合理，设备型号、数量满足施工需要。 中(2分)：拟投入的主要、辅助施工设备、器具基本齐全无重大缺漏，设备型号、数量基本满足施工。 差(0分)：拟投入的主要、辅助施工设备、器具不齐全存在重大缺漏，设备型号、数量不能满足施工需要。
			(七)企业财务状况(满分10.00分)	财务状况良好，没有处于企业被接管、破产或关、停、并、转状态情况。同时提供2017年度、2018年度、2019年度经审计的财务报告证明材料的，得10分，不提供的，得0分。(新成立的企业按实际年限提供。对于从取得营业执照时间起到投标截止时间为止不足2年的企业，须提交企业取得营业执照年份至所要求最近年份经审计的财务报表，提供的，得10分，不提供的得0分；从取得营业执照时间起到投标截止时间为止不足1年的，须提供银行出具的银行资信证明等材料及企业自成立以来的财务报表，提供的，得10分，不提供的得0分。) 备注：如上一年的财务报表正在审计的，需提供财务报表及上一年度财务报表正在审计的证明。

续表

<table>
<tr><th>条款号</th><th colspan="3">评审因素</th><th>评审标准</th></tr>
<tr><td>2.1.1</td><td>资格评审标准</td><td>有限数量制资信审查评分（满分100分，分值权重10%）</td><td>（八）经济贡献情况（满分15.00分）</td><td>（1）建筑业产值统计：按照南宁市建筑业统计库内企业上一年度建筑业产值计算得分（满分10分）：50亿元（含）以上的得10分；20亿元（含）至50亿的得8分；10亿元（含）至20亿的得6分；5亿元（含）至10亿的得4分；5亿元以下的得2分。
（2）本地纳税情况：根据投标人提供的经南宁市税务局盖章的上一年度（20 ** 年1月至20 ** 年12月）《涉税信息查询结果告知书》中投标人纳税合计金额计算得分（满分5分）：纳税合计金额在5 000万元（含）以上的得5分；纳税合计金额在3 000万元（含）至5 000万元的得4分；纳税合计金额在2 000万元（含）至3 000万元的得3分；纳税合计金额在1 000万元（含）至2 000万元的得2分；纳税合计金额在1 000万元以下的得1分。
备注：
①投标人是联合体的，以联合体成员中高分的一方计取建筑业产值及纳税情况。
②相关部门提供的南宁市建筑业统计库内企业上一年度建筑业产值由评委在评标室查询。在新一年度建筑业产值未确定前，均以上一年度的建筑业产值计分。</td></tr>
<tr><td rowspan="7">2.1.2</td><td colspan="2" rowspan="7">形式评审标准</td><td colspan="2">合格标准：缺少任何一项或有任何一项不合格者，其形式评审视为不合格。</td></tr>
<tr><td>投标人名称</td><td>与营业执照、资质证书、安全生产许可证一致。</td></tr>
<tr><td>投标函签字盖章</td><td>法定代表人加盖个人电子印章及单位电子印章。</td></tr>
<tr><td>投标文件格式</td><td>符合第九章“投标文件格式”的要求。</td></tr>
<tr><td>联合体投标人（如有）</td><td>提交联合体协议书，并明确联合体牵头人。</td></tr>
<tr><td>报价唯一</td><td>只能有一个有效报价。</td></tr>
<tr><td></td><td></td></tr>
<tr><td rowspan="11">2.1.3</td><td colspan="2" rowspan="11">响应性评审标准
备注：招标人可按项目需求分为商务标响应性评审和技术标响应性评审两部分。</td><td colspan="2">合格标准：缺少任何一项或有任何一项不合格者，其响应性评审视为不合格。</td></tr>
<tr><td>投标内容</td><td>符合第二章“投标人须知”第1.3.1项规定。</td></tr>
<tr><td>技术标准和要求</td><td>符合第八章 “技术标准和要求”规定。</td></tr>
<tr><td>工期</td><td>符合第二章“投标人须知”第1.3.2项规定。</td></tr>
<tr><td>分包计划</td><td>符合第二章“投标人须知”第1.11款规定。</td></tr>
<tr><td>工程质量</td><td>符合第二章“投标人须知”第1.3.3项规定。</td></tr>
<tr><td>投标有效期</td><td>符合第二章“投标人须知”第3.3.1项规定。</td></tr>
<tr><td>权利义务</td><td>投标函附录中的相关承诺符合或优于第四章“合同条款及格式”的相关规定。</td></tr>
<tr><td>投标价格</td><td>低于（含等于）招标人公布的招标控制价且无本章附件B否决投标条件的相应情况的。</td></tr>
<tr><td>已标价工程量清单</td><td>符合第五章“工程量清单”的编制要求且无本章附件B否决投标条件的相应情况。</td></tr>
</table>

续表

条款号	评审因素			评审标准
2.2	详细评审			通过资格审查的合格投标人,只有通过了形式评审和响应性评审,才能进入详细评审程序。
2.2.1	分值构成		分值权重构成(100%)	(1)技术标分值权重:25% (2)资信审查评分权重:10% (3)商务标分值权重:65% 商务标分值权重 = 企业信誉实力分分值权重+ 报价分分值权重 先由招标人在开标现场随机抽取确定企业信誉实力分分值权重后, 报价分分值权重= 商务标分值权重-企业信誉实力分分值权重 企业信誉实力分分值权重按6%~10%记入投标总分,具体按工程规模大小随机抽取。原则上,中型工程从6%、7%、8%中抽取一个,大型工程从取8%、9%、10%中抽取一个,以随机抽取的比例乘以根据《广西壮族自治区建筑企业诚信综合评价办法》(试行)评价得到的企业诚信综合评价分计入投标总分。 例如:已经确定技术标分值权重为25%,商务标分值权重为65%,若在开标现场随机抽取的中型工程企业信誉实力分分值权重为7%,则报价分分值权重应为58%。
2.2.2(1)	技术标评分标准(满分分值权重25%)		合格标准: 技术标加权得分=(项目管理机构得分+施工组织设计得分)×技术标分值权重 技术标得分低于技术标满分的60%的,技术标评审不合格。	
		项目管理机构(20分)	项目经理任职资格与业绩、工作经历等(10.00分)	(1)项目经理注册资格(6分)拟投入的项目经理具有建筑工程专业一级注册建造师执业资格证书,且具有有效的安全生产考核合格证书(B类)的,得6分 (2)项目经理职称(4分)拟投入项目经理具有高级职称的,得4分;具有中级职称的得2分。 未提供投标人为上述人员缴纳2020年4月至2020年6月社会保险的证明材料的不予计分。
			其他主要人员(10.00分)	基本要求:人员齐备、专业配套应与资格审查提供的人员配备相一致,且具备相关施工现场专业人员职业培训合格证书(拟派驻本项目的技术负责人应具有中级及以上职称证件,安全员、施工员、质量员、材料员应具有相应施工现场专业人员职业培训合格证书,且拟投入的项目管理人员符合国家及广西壮族自治区的规定)。 优(10分):拟投入本项目的技术负责人具有中级及以上职称,安全员、施工员、质量员、材料员均具有相应岗位资格证书,且拟投入的项目管理人员完全符合国家及广西壮族自治区的规定,能完全满足项目施工管理要求,并有一定的储备。 良(7分):拟投入本项目的技术负责人具有中级及以上职称,安全员、施工员、质量员、材料员均具有相应岗位资格证书,且拟投入的项目管理人员符合国家及广西壮族自治区的规定,能较好满足项目施工管理要求。 中(4分):拟投入本项目的技术负责人具有中级技术职称,安全员、施工员、质量员、材料员基本具有相应岗位资格证书,且拟投入的项目管理人员基本符合国家及广西壮族自治区的规定,能满足项目施工管理要求。 差(1分):拟投入本项目的技术负责人具有中级技术职称,安全员、施工员、质量员、材料员相应岗位资格证书不齐全,不能满足项目施工管理要求。 未提供投标人为上述人员缴纳2020年4月至2020年6月社会保险的证明材料的不予计分。

续表

条款号	评审因素			评审标准
2.2.2(1)	技术标评分标准(满分分值权重25%)	施工组织设计(80分)	主要施工方法(8.00分)	优(8分):各主要分部施工方法符合项目实际,有详尽的施工技术方案,工艺先进、方法科学合理、可行,完全能指导具体施工并确保安全。 良(6分):各主要分部施工方法符合项目实际,施工技术方案基本详细,工艺较先进、方法较科学合理、可行,能较好指导具体施工并确保安全。 中(4分):各主要分部施工方法基本符合项目实际,施工技术方案基本详细,工艺较先进、方法较科学合理、可行,基本能指导具体施工并确保安全。 差(2分):各主要分部施工方法不符合项目实际,没有详尽的施工技术方案,工艺不先进、方法不科学合理、可行,不能指导具体施工并确保安全。
			拟投入的主要物资计划(8.00分)	优(8分):投入的施工材料有详细的组织计划且计划周密,数量、选型配置、进场时间安排合理,完全满足施工需要。 良(6分):投入的施工材料有较详细的组织计划且计划周密,数量、选型配置、进场时间安排较为合理,能较好满足施工需要。 中(4分):投入的施工材料有组织计划,数量、选型配置、进场时间基本安排合理,能满足施工需要。 差(2分):投入的施工材料没有详细的组织计划且计划不周密,数量、选型配置、进场时间安排不清晰合理,不能满足施工需要。
			拟投入的主要施工机械、设备计划(8.00分)	优(8分):投入的施工机械、设备、机具有详细的组织计划且计划周密,设备数量、选型配置、进场时间安排合理,完全满足施工需要。 良(6分):投入的施工机械、设备、机具有较详细的组织计划且计划周密,设备数量、选型配置、进场时间安排较合理,较好满足施工需要。 中(4分):投入的施工机械、设备、机具有组织计划,设备数量、选型配置、进场时间安排基本合理,基本满足施工需要。 差(2分):投入的施工机械、设备、机具无详细的组织计划,设备数量、选型配置、进场时间安排不合理,不能满足施工需要。
			劳动力安排计划(8.00分)	优(8分):各主要施工工序有详细周密的劳动力安排计划,有各工种劳动力安排计划,劳动力投入合理,完全满足施工需要。 良(6分):各主要施工工序有劳动力安排计划,有各工种劳动力安排计划,劳动力投入合理,较好满足施工需要。 中(4分):各主要施工工序有劳动力安排计划,有各工种劳动力安排计划,劳动力投入基本合理,基本满足施工需要。 差(2分):各主要施工工序无劳动力安排计划,无各工种劳动力安排计划,劳动力投入不合理,不能满足施工需要。

续表

条款号	评审因素			评审标准
2.2.2(1)	技术标评分标准（满分分值权重25%）	施工组织设计（80分）	确保工程质量的技术组织措施(8.00分)	优(8分):有专门的质量技术管理班子和制度,且人员配备合理,制度健全。主要工序质量技术保证措施和手段科学合理,自控体系完整,能有效保证技术质量,并能达到承诺的质量标准。 良(6分):有专门的质量技术管理班子和制度,且人员配备较为合理,制度健全。主要工序的质量技术保证措施和手段较好,自控体系较好,能保证技术质量,能达到承诺的质量标准。 中(4分):有专门的质量技术管理班子和制度,且人员配备基本合理,制度基本健全。主要工序的质量技术保证措施和手段一般,自控体系一般,基本能保证技术质量,能达到承诺的质量标准。 差(2分):有专门的质量技术管理班子和制度,人员配备不合理,制度不健全。主要工序无质量技术保证措施和手段,自控体系不完整,不能有效保证技术质量,达不到承诺的质量标准。
			确保安全生产的技术组织措施(8.00分)	优(8分):有专门的安全管理人员和制度,且人员配备合理,制度健全,各道工序安全技术措施针对性强,完全符合实际且能满足有关安全技术标准要求。现场防火、应急救援、社会治安安全措施得力。 良(6分):有专门的安全管理人员和制度,且人员基本配备较为合理,制度较为健全,各道工序安全技术措施针对性比较强,符合实际且能较好满足有关安全技术标准要求。现场防火、应急救援、社会治安安全措施良好。 中(4分):有安全管理人员和制度,且人员基本配备基本合理,制度基本健全,各道工序安全技术措施针对性一般,符合实际,基本满足有关安全技术标准要求。现场防火、应急救援、社会治安安全措施一般。 差(2分):没有专门的安全管理人员和制度,且人员配备不合理,制度不健全,各道工序安全技术措施针对性不强,不符合实际且能满足有关安全技术标准要求。现场防火、应急救援、社会治安安全措施较差。
			确保工期的技术组织措施(8.00分)	优(8分):在施工工艺、施工方法、材料选用、劳动力安排、技术等方面有保证工期的具体措施且措施得当。有控制工期的施工进度计划。有施工总进度表或施工网络图,各项计划图表编制完善,安排科学合理,符合本项目施工实际要求。 良(6分):在施工工艺、施工方法、材料选用、劳动力安排、技术等方面有较好的保证工期的具体措施且措施比较得当。有控制工期的施工进度计划。有施工总进度表或施工网络图,各项计划图表编制较为完善,安排科学合理,较好符合本项目施工实际要求。 中(4分):在施工工艺、施工方法、材料选用、劳动力安排、技术等方面有保证工期的具体措施,措施一般。有控制工期的施工进度计划。有施工总进度表或施工网络图,各项计划图表编制基本完善,安排基本科学合理,基本符合本项目施工实际要求。 差(2分):在施工工艺、施工方法、材料选用、劳动力安排、技术等方面没有保证工期的具体措施且措施不当。没有控制工期的施工进度计划。没有施工总进度表或施工网络图,各项计划图表编制不完善,安排不科学合理,不符合本项目施工实际要求。

续表

条款号	评审因素			评审标准
2.2.2(1)	技术标评分标准(满分分值权重25%)	施工组织设计(80分)	确保文明施工的技术组织措施(8.00分)	优(8分):针对本工程项目特点,有现场文明施工、环境保护措施,且措施内容达到《建筑施工安全生产检查标准》(JGJ59—2011)合格标准并符合《广西壮族自治区建筑工程文明施工导则》要求。各项措施周全、具体、有效。有具体实现现场文明施工目标的承诺。 良(6分):针对本工程项目特点,有现场文明施工、环境保护措施,且措施内容较好达到《建筑施工安全生产检查标准》(JGJ59—2011)合格标准并符合《广西壮族自治区建筑工程文明施工导则》要求。各项措施良好。有具体实现现场文明施工目标的承诺。 中(4分):针对本工程项目特点,有现场文明施工、环境保护措施,且措施内容基本达到《建筑施工安全生产检查标准》(JGJ59—2011)合格标准并符合《广西壮族自治区建筑工程文明施工导则》要求。各项措施一般。有具体实现现场文明施工目标的承诺。 差(2分):针对本工程项目特点,应有现场文明施工、环境保护措施,且措施内容应达到《建筑施工安全生产检查标准》(JGJ59—2011)合格标准并符合《广西壮族自治区建筑工程文明施工导则》要求。各项措施不合理。无具体实现现场文明施工目标的承诺。
			工程施工的重点和难点及保证措施(8.00分)	优(8分):针对本工程的特点,阐述本工程的重点和难点,解决重点和难点问题的方法科学合理。 良(6分):针对本工程的特点,阐述本工程的重点和难点,解决重点和难点问题的方法较为合理。 中(4分):针对本工程的特点,阐述本工程的重点和难点,解决重点和难点问题的方法基本合理。 差(2分):针对本工程的特点,阐述本工程的重点和难点,解决重点和难点问题的方法不合理。
			施工总平面布置图(8.00分)	优(8分):有施工总平面布置图,安排科学合理,符合本项目施工实际要求。 良(6分):有施工总平面布置图,安排较为合理,符合本项目施工实际要求。 中(4分):有施工总平面布置图,安排基本合理,基本符合本项目施工实际要求。 差(2分):无施工总平面布置图,安排不合理,不符合本项目施工实际要求。

续表

条款号	评审因素		评审标准
2.2.2(2)	评标基准价计算		评标基准价的确定方法 备注:选择以下其中一种方法。 (1)有效报价范围:为通过资格评审、形式评审、响应性评审、技术标评审合格、投标总价低于或等于招标控制价的报价。 (2)将有效报价范围内的投标总价,按由低到高的顺序依次排出名次。 (3)评标基准价=$K\times A1+A2+A3\cdots+An)/n$,A$n$ 为在有效报价范围内且与所有有效报价平均值偏差率在±15%(含)以内的报价,n 为参与评标基准价计算的有效投标报价数量。K 为开标时由招标人从 0.95、0.96、0.97、0.98、0.99 中随机抽取的其中一个系数。
2.2.2(3)	报价分评分标准(报价分分值权重=商务标分值权重-企业信誉实力分分值权重) 备注:右侧评分标准不得修改,但招标人可以选择评分方法。	投标报价评分(100.00分)	(1)有效报价范围:为通过资格评审、形式评审、响应性评审、技术标评审合格、投标总价低于或等于招标控制价的报价。 (2)将有效报价范围内的投标总价,按由低到高的顺序依次排出名次。 (3)评标基准价=$K\times(A1+A2+A3\cdots+An)/n$,A$n$ 为在有效报价范围内且与所有有效报价平均值偏差率在±15%(含)以内的报价,n 为参与评标基准价计算的有效投标报价数量。K 为开标时由招标人从 0.95、0.96、0.97、0.98、0.99中随机抽取的其中一个系数。 (4)以等于评标基准价的投标报价为满分 100 分,采用内插法计算,投标人投标总价每高于评标基准价 1%的扣 1.5 分,每低于评标基准价 1%的扣 1 分,计算出投标人的投标总价得分。 (5)报价分加权得分=该投标人的投标总价得分(满分 100 分)×报价分分值权重。
2.2.2(4)	企业信誉实力分评分标准【满分分值权重☑中型工程(6%或 7%或 8%)□大型工程(8%或 9%或 10%)】 备注:招标项目如为国有投资(含国有投资占主导或控股地位)项目则须计入此分,其他工程由招标人自行决定是否参照执行。		企业信誉实力得分的确定(联合体参与投标的,联合体的信誉实力分按联合体成员中信誉实力分最高的企业认定):企业信誉实力加权得分=根据实时公布的自治区级诚信综合评价分(百分制)× 70 %×企业信誉实力分分值权重+根据实时公布的南宁市级诚信综合评价分(百分制)× 30%×企业信誉实力分分值权重 备注:自治区级诚信综合评价分占比与设区市级诚信综合评价分占比之和为 100%,具体权重由各设区市在比例范围内在发出招标文件前自行决定,把确定后的比例填入招标文件内。 备注:自治区级诚信综合评价分由评委在广西建筑市场监管与诚信信息一体化平台的诚信分公示栏目中查询。设区市级诚信综合评价分。
			企业信誉实力得分的确定(联合体参与投标的,联合体的信誉实力分按联合体成员中信誉实力分最高的企业认定):企业信誉实力加权得分=根据实时公布的自治区级诚信综合评价分(百分制)× 70 %×企业信誉实力分分值权重+根据实时公布的南宁市级诚信综合评价分(百分制)× 30%×企业信誉实力分分值权重 备注:自治区级诚信综合评价分占比与设区市级诚信综合评价分占比之和为 100%,具体权重由各设区市在比例范围内在发出招标文件前自行决定,把确定后的比例填入招标文件内。 备注:自治区级诚信综合评价分由评委在广西建筑市场监管与诚信信息一体化平台的诚信分公示栏目中查询。设区市级诚信综合评价分。

续表

条款号	评审因素	评审标准
投标人汇总得分（满分 100 分）		商务标得分= 报价分加权得分 + 企业信誉实力加权得分 投标人汇总得分= 技术标加权得分 + 资信审查评分加权得分+商务标得分
3	评标程序	详见本章附件 A:评标详细程序
3.1.2	否决投标条件	详见本章附件 B:否决投标条件

备注：

1.招标公告没有提出类似工程业绩要求的，资格评审时如果采用合格制，不得设置类似工程业绩要求；如果采用有限数量制，可以设置类似工程业绩要求。

2.招标公告提出类似工程业绩要求的，资格评审时必须设置类似工程业绩要求，考核期同“投标人须知前附表”3.1.4 条，类似工程同招标公告。

3.资格评审采用有限数量制时，评审标准中“企业诚信情况”中的“获奖情况”一栏，招标人必须明确奖项有效期。

“获奖情况”中所列奖项类别以《自治区住房和城乡建设厅关于印发广西壮族自治区建筑业企业诚信综合评价办法（试行）的通知》（桂建发〔2017〕17 号）的规定为准。

其中，国家级奖项发证机关如下：

（1）“中国建设工程鲁班奖（国家优质工程）”发证机关为中国建筑业协会；

（2）“中国土木工程詹天佑奖”发证机关为中国土木工程学会、北京詹天佑土木工程科学技术发展基金会；

（3）“全国市政金杯示范工程”发证机关为中国市政工程协会；

（4）“国家优质工程奖”发证机关为中国施工企业管理协会；

（5）“中国建筑工程装饰奖”（原名“全国建筑工程装饰奖”）发证机关为中国建筑装饰协会；

（6）“建设工程项目施工安全生产标准化建设工地”（原名“AAA 级安全文明标准化工地”）发证机关为中国建筑业协会建筑安全分会；

（7）中国安装工程优质奖（中国安装之星）发证机关为中国安装协会。

4.人员资格岗位、职称、业绩、奖项等评分须附相关有效证明材料的扫描件，相关证明材料未通过广西建筑业企业诚信信息库审核的（除在建项目以全国建筑市场监管公共服务平台为准外），在评审时不予承认；对于取得专业技术类职业资格的人员，可按照《广西壮族自治区人力资源和社会保障厅关于在部分职业领域建立职称与专业技术类职业资格对应关系的通知》（桂人社规〔2019〕5 号）精神，认定其具备相应等级的职称。

5.企业信誉实力的评标标准根据广西区建筑业企业诚信综合评价系统计取。

备注：①各设区市房屋建筑及市政基础设施工程招标时，企业信誉实力分由自治区级、市级两部分组成，其中区级的诚信综合评价分占 70%~100%，设区市级诚信综合评价分占 0~30%（具体权重由各设区市在比例范围内自行决定）；②原则上中型工程从 6%、7%、8% 中抽取一个分值，大型工程从 8%、9%、10% 中抽取一个分值。联合体参与投标的，联合体的信誉实力分按联合体成员中信誉实力分最高的企业认定。

6.综合评估法适用于 1 000 万元以上大中型项目，“小型工程”“中型工程”及“大型工程”的规模按《注册建造师管理规定》（建设部令第 153 号）编制的《注册建造师执业工程规模标准》（试行）文件划分。

评标办法(综合评估法)正文部分

1　评标方法

本次评标采用综合评估法。评标委员会对满足招标文件实质性要求的投标文件,按照本章“评标办法前附表”第2.1、2.2款规定的评分标准进行打分,并按综合得分由高到低顺序推荐中标候选人,或根据招标人授权直接确定中标人,但投标报价低于其成本的除外。综合评分相等时,以投标报价低的优先;投标价也相等时,以企业信誉实力分高的优先;企业信誉实力分也相等的,以企业用于该项工程投标的资质高的优先;企业用于该项工程投标的资质也相等的,以技术标得分高的优先;技术标得分也相等的,由评标委员会采用记名投票方式确定。

2　评审标准

2.1　初步评审标准

2.1.1　资格评审标准:见“评标办法前附表”。所有在投标截止时间前提交投标文件的投标人均有资格参加资格评审。企业获奖情况中所有奖项均以广西建筑业企业诚信信息库记录内容为准,不录入诚信信息库的,视为自动放弃加分。

2.1.2　形式评审标准:见“评标办法前附表”。

2.1.3　响应性评审标准:见“评标办法前附表”。

2.2　详细评审标准

2.2.1　分值构成:见“评标办法前附表”。

2.2.2　评分标准

(1)技术标评分标准:见“评标办法前附表”。

(2)评标基准价计算方法:见“评标办法前附表”。

(3)报价分评分标准:见“评标办法前附表”。

(4)企业信誉实力分评分标准:见“评标办法前附表”。

3　评标程序

3.1　初步评审

3.1.1　评标委员会依据本章第2.1款规定的标准对投标文件进行初步评审。有一项不符合评审标准的,作否决投标处理。

3.1.2　投标人有以下情形之一的,其投标作否决投标处理:

(1)第二章“投标人须知”第1.4.3项规定的任何一种情形的;

(2)串通投标或弄虚作假或有其他违法行为的;

(3)不按评标委员会要求澄清、说明或补正的。

3.1.3　投标报价有算术错误的,评标委员会按以下原则对投标报价进行修正,修正的价格经投标人书面确认后具有约束力。投标人不接受修正价格的,其投标作否决投标处理。

(1)投标文件中的大写金额与小写金额不一致的,以大写金额为准;

(2)总价金额与依据单价计算出的结果不一致的,以单价金额为准修正总价,但单价金额小数点有明显错误的除外。

3.2 详细评审

3.2.1 评标委员会按照本章“评标办法前附表”第 2.2 款规定的量化因素和分值进行打分,并计算出综合评估得分。

3.2.2 所有过程评分分值计算保留小数点后四位,投标人汇总得分保留小数点后两位,小数点后第三位“四舍五入”。

3.2.3 投标人汇总得分(满分 100 分)= 商务标得分+技术标加权得分。

3.2.4 评标委员会发现投标人的报价明显低于其他投标报价,或者在设有标底时明显低于标底,使得其投标报价可能低于其成本的,应当要求该投标人作出书面说明并提供相应的证明材料。投标人不能合理说明或者不能提供相应证明材料的,由评标委员会认定该投标人以低于成本报价竞标。

3.3 投标文件的澄清和补正

3.3.1 在评标过程中,评标委员会可以书面形式要求投标人对所提交的投标文件中不明确的内容进行书面澄清或说明,也可以要求投标人对细微偏差进行补正。澄清、说明和补正必须由评标委员会书面提出、投标人书面答复,否则无效。评标委员会不接受投标人主动提出的澄清、说明或补正。

3.3.2 澄清、说明和补正不得改变投标文件的实质性内容(算术性错误修正的除外)。投标人的书面澄清、说明和补正属于投标文件的组成部分。

3.3.3 评标委员会对投标人提交的澄清、说明或补正有疑问的,可以要求投标人进一步澄清、说明或补正,直至满足评标委员会的要求。

3.3.4 对投标文件进行澄清、说明和补正时来往的书面材料传递,必须在招投标监督管理部门的监督下,由交易中心的工作人员进行。

3.4 评标结果

3.4.1 除第二章“投标人须知前附表”授权直接确定中标人外,评标委员会按照本章规定的顺序推荐中标候选人。

3.4.2 评标委员会完成评标后,由应当向招标人提交书面评标报告。

3.4.3 评标委员会应将评标过程中使用的文件、表格以及其他材料即时归还招标人。招标人应当按照“投标人须知前附表”规定的封存方式封存评标资料。

附件A　评标详细程序

A0　总　则

本附件是本章“评标办法”的组成部分，是对本章第3条所规定的评标程序的进一步细化，评标委员会应当按照本附件所规定的详细程序开展并完成评标工作。

A1　基本程序

评标活动将按以下五个步骤进行：

(1)评标准备；

(2)初步评审；

(3)详细评审；

(4)澄清、说明或补正；

(5)推荐中标候选人或者直接确定中标人及提交评标报告。

A2　评标准备

A2.1　评标委员会成员签到

评标委员会成员到达评标现场时应在签到表上签到以证明其出席。

A2.2　评标委员会的组建和分工

评标委员会应按照“投标人须知前附表”第6.1条的规定组建。首先通过电子评标系统以记名方式推选一名评标委员会主任。评标委员会主任负责评标活动的组织工作。当需要划分技术类、经济类评委时，应按照规定组建为技术组评委和经济组评委。招标人代表参加评标委员会的，应明确参加类别。

在本附件的表述中，当评委划分为技术类、经济类时，除标明由技术类或经济类评委实施评审外，其余由评标委员会全体委员进行。

A2.3　熟悉文件资料

A2.3.1　评标委员会主任应组织评标委员会成员认真研究招标文件，了解和熟悉招标目的、招标范围、主要合同条件、技术标准和要求、质量标准和工期要求，掌握评标标准和方法，熟悉本章及附件中包括的评标表格的使用。

A2.3.2　招标人或招标代理机构应向评标委员会提供评标所需的信息和数据，包括招标文件、未在开标会上当场拒绝的各投标文件、开标会记录、招标控制价、工程所在地工程造价管理部门颁布的工程造价信息、定额(如作为计价依据时)、有关的法律、法规、规章、国家标准以及招标人或评标委员会认为必要的其他信息和数据。

A3　初步评审

A3.1　资格评审

评标委员会根据“评标办法前附表”中规定的评审因素和评审标准，对投标人的投标文件进行资格评审。

A3.2 形式评审

评标委员会根据“评标办法前附表”中规定的评审因素和评审标准，对投标人的投标文件进行形式评审。

A3.3　响应性评审

A3.3.1　评标委员会根据“评标办法前附表”中规定的评审因素和评审标准，对投标人的投标文件进行响应性评审。

A3.3.2　投标人投标总价不得超出(不含等于)招标人公布的招标控制价,凡投标人的投标总价超出招标控制价的,该投标人的投标文件不能通过响应性评审。

A3.4　判断投标是否为否决投标

A3.4.1　判断投标人的投标是否为否决投标的全部条件(包括本章第 3.1.2 项中规定的条件),在本章附件 B 中集中列示。

A3.4.2　本章附件 B 集中列示的否决投标条件不应与第二章"投标人须知"和本章正文部分包括的否决投标条件抵触,如果出现相互矛盾的情况,以第二章"投标人须知"和本章正文部分的规定为准。

A3.4.3　评标委员会在评标过程中,依据本章附件 B 中规定的否决投标条件判断投标人的投标是否为否决投标。

A3.5　澄清、说明或补正

在初步评审过程中,评标委员会应当就投标文件中不明确的内容要求投标人进行澄清、说明或者补正。投标人应当根据问题澄清通知要求,以书面形式予以澄清、说明或者补正。澄清、说明或补正根据本章第 3.3 款的规定进行。

A4　详细评审

只有通过了初步评审、被判定为合格的投标方可进入详细评审。

A4.1　对投标文件进行基础性数据分析和整理工作(清标)

备注:根据项目情况进行设置。

A4.2　算术错误修正

评标委员会经济组评委依据本章中规定的相关原则对投标报价中存在的算术错误进行修正,并根据算术错误修正结果计算评标基准价。

A4.3　详细评审的程序

A4.3.1　评标委员会按照本章第 3.2 款中规定的程序进行详细评审:

(1)技术标评审和评分;

(2)商务标评审和评分;

①企业信誉实力评审和评分;

②报价分评审和评分。

(3)汇总评分结果。

A4.4　技术标评审和评分

按照"评标办法前附表"中规定的分值设定、各项评分因素、评分标准,由评标委员会的技术组评委进行评审和评分。

A4.5　报价分评审和评分

A4.5.1 评标委员会的经济组评委按照"评标办法前附表"中规定的方法计算"评标基准价"。

A4.5.2 评标委员会的经济组评委按照"评标办法前附表"中规定的方法,计算各个已通过了初步评审和技术标评审的商务标得分。

A4.6　企业信誉实力评审和评分

评标委员会根据"评标办法前附表"中规定的分值设定、各项评分因素和相应的评分标准进行评审和评分。

A4.7　判断投标报价是否低于成本

由评标委员会的经济组评委认定投标人是否以低于成本竞标。

A4.8　澄清、说明或补正

在评审过程中，评标委员会应当就投标文件中不明确的内容要求投标人进行澄清、说明或者补正。投标人对此以书面形式予以澄清、说明或者补正。澄清、说明或补正根据本章第3.3款的规定执行。

A4.9　汇总评分结果

详细评审工作全部结束后，汇总评标委员会各成员的详细评审评分结果，并按照详细评审最终得分由高至低的次序对投标人进行排序。

评标委员会评审评分结果统计应遵循下列原则：

（1）每个评分项目（单项）的评分基准值为评标委员会成员评分的算术平均值。

（2）每个评分项目（单项）超出该评分项目评分基准值±30%（含30%）范围的评分为无效评分。

（3）投标人每个评分项目（单项）的最终得分为评标委员会成员有效评分的算术平均值；全部评委评分均超出评分基准值±30%（含30%）范围时，投标人该评分项目（单项）的最终得分为评分基准值。

（4）综合评估法资格评审也按上述原则统计分数。

A5　推荐中标候选人或者直接确定中标人

A5.1　推荐中标候选人

A5.1.1　除第二章“投标人须知”前附表第7.1款授权直接确定中标人外，评标委员会在推荐中标候选人时，应遵照以下原则：

（1）评标委员会按照最终得分由高至低的次序排列，并根据第二章“投标人须知”前附表第7.1款规定及本章的规定推荐中标候选人。

（2）如果评标委员会根据本章的规定作否决投标处理后，有效投标不足三个，且少于第二章“投标人须知”前附表第7.1款规定的中标候选人数量的，如经评标委员会评定仍具备竞争性的，可以将所有有效投标按最终得分由高至低的次序作为中标候选人向招标人推荐。如果因评标委员会否决投标后有效投标不足三个且评标委员会评定投标明显缺乏竞争的，评标委员会可以否决所有投标。

A5.1.2　投标截止时间前递交投标文件的投标人数量少于三个或者所有投标被否决的，招标人应当依法重新招标。

A5.2　直接确定中标人

第二章“投标人须知”前附表授权评标委员会直接确定中标人的，评标委员会按照最终得分由高至低的次序排列，按照本章的规定直接确定中标人。

A5.3　编制评标报告

评标委员会向招标人提交评标报告。评标报告应当由全体评标委员会成员加盖个人电子印章，并于评标结束时抄送有关行政监督部门。评标报告应当包括但不限于以下内容：

（1）基本情况和数据表；

（2）评标委员会成员名单；

(3)开标记录;

(4)符合要求的投标一览表;

(5)否决投标情况说明;

(6)评标标准、评标方法或者评标因素一览表;

(7)经评审的价格一览表(包括评标委员会在评标过程中所形成的所有记载评标结果、结论的表格、说明、记录等文件);

(8)经评审的投标人排序;

(9)推荐的中标候选人名单(如果第二章“投标人须知”前附表授权评标委员会直接确定中标人,则为“确定的中标人”)与签订合同前要处理的事宜;

(10)澄清、说明、补正事项纪要。

A6 特殊情况的处置程序

A6.1 关于评标活动暂停

A6.1.1 评标委员会应当执行连续评标的原则,按评标办法中规定的程序、内容、方法、标准完成全部评标工作。只有发生不可抗力导致评标工作无法继续时,评标活动方可暂停。

A6.1.2 发生评标暂停情况时,评标委员会应当封存全部投标文件和评标记录,待不可抗力的影响结束且具备继续评标的条件时,由原评标委员会继续评标。

A6.2 关于评标中途更换评委

A6.2.1 除非发生下列情况之一,评标委员会成员不得在评标中途更换:

(1)因不可抗拒的客观原因,不能到场或需在评标中途退出评标活动。

(2)根据法律法规规定,某个或某几个评标委员会成员需要回避。

A6.2.2 退出评标的评标委员会成员,其已完成的评标行为无效。由招标人根据本招标文件规定的评标委员会成员生产方式另行确定替代者进行评标。

A6.3 记名投票

需评标委员会就某项定性的评审结论做出表决的,由评标委员会全体成员按照少数服从多数的原则,以记名投票方式表决。

A7 补充条款

根据《评标委员会和评标方法暂行规定》《评标专家和评标专家库管理暂行办法》相关规定,评标委员会不得透露对投标文件的评审和比较,中标候选人的推荐情况以及与评标有关的其他情况。对评标结论持有异议的评标委员会成员可以书面方式阐述其不同意见和理由。评标委员会成员拒绝在评标报告上签字且不陈述其不同意见和理由的,视为同意评标结论;评标委员会应当对此作出书面说明并记录在案。

附件 B 否决投标条件

B0 总 则

本附件所集中列示的否决投标条件,是本章“评标办法”的组成部分,是对第二章“投标人须知”和本章正文部分所规定的否决投标条件的总结和补充,如果出现相互矛盾的情况,以第二章“投标人须知”和本章正文部分的规定为准。

B1 否决投标条件

投标人或其投标文件有下列情形之一的,其投标作否决投标处理:

B1.1　有第二章“投标人须知”第 1.4.3、1.4.4 项规定的任何一种情形的；

B1.2　有串通投标或弄虚作假或有其他违法行为的；

B1.3　不按评标委员会要求澄清、说明或补正的；

B1.4　在资格评审、形式评审、响应性评审中，评标委员会认定投标人的投标文件不符合“评标办法前附表”中规定的任何一项评审标准的。

备注：如资格审查采用有限数量制时，资格审查的评审内容按打分制给予对应分值，无相关证明材料的给予 0 分，但不做否决投标处理。

B1.5　在技术标评审中，评标委员会认定投标人的投标未能通过此项评审的；

B1.6　不按第二章投标须知前附表第 3.1.1 条内容提供资料的；

B1.7　没有在招标文件规定的电子投标文件相关位置加盖投标人法人单位及法定代表人电子印章的；

B1.8　投标文件的关键内容字迹模糊、辨认不清的；

B1.9 投标人不接受评标委员会按第三章“评标办法”第 3.1.3 条的原则对投标报价进行修正的；

B1.10　投标人不具备独立法人资格或作为独立法人资格但就本工程提交一个以上的投标文件的；

B1.11　在单价合同工程中投标人采用总价优惠或以总价百分比优惠的方式进行投标报价的；

B1.12　安全文明施工费和规费、增值税不按我区费用定额及造价管理相关文件规定报价的；

B1.13　投标人已标价工程量清单的项目编码（12 位）、计量单位、工程量任何一处与招标工程量清单不一致的；

B1.14　投标人已标价工程量清单的项目名称或项目特征与招标工程量清单不一致，评标委员会要求澄清、说明或补正，但投标人拒绝澄清、说明或补正的；

B1.15　投标函中的报价与已标价的工程量清单汇总表不一致的；

B1.16　设有暂估价、暂列金额的，投标时未按招标人工程量清单给出的暂估价总价、暂列金额总价计入投标总报价中的；

B1.17　投标文件实质上没有响应招标文件的要求的（包括：质量要求、工期、技术标准和要求、合同价款主要条款、投标有效期等）；

B1.18　投标人未按照招标文件第二章投标人须知第 3.4 条的要求提供投标保证金的或未按规定提交投标保证金证明材料的；

B1.19　（1）投标人拟投入本工程的项目经理在在建项目或已中标未开工项目中任项目经理的（符合法规规定的特殊情况和桂建管〔2013〕17 号文要求的除外）或已列为其他项目中标候选人第一名的项目经理或无有效安全生产考核合格证（B 类）的；

（2）投标人拟投入本工程的项目专职安全人员在在建项目中任专职安全员的（符合法规规定的特殊情况和桂建管〔2013〕17 号文要求的除外）或无有效安全生产考核合格证（C 类）的；

B1.20　组成联合体投标的，投标文件未附联合体各方共同投标协议书的；

B1.21　投标人的投标总价超出招标控制价的；

B1.22 投标人对招标工程量清单内容进行增减或对招标范围进行调整的；

B1.23 开标时通过身份证验证的项目经理和安全员与投标文件中的项目经理和安全员不一致的；

B1.24 投标人编制的投标文件技术暗标，其封面或正文中出现投标人的名称和其他可识别投标人身份的字符（图表）、徽标、业绩、荣誉或人员姓名以及其他特殊标记等。

B1.25 投标人编制的投标文件技术暗标部分未按第九章投标文件格式技术标部分中（二）暗标的编制要求编制的。

B1.26 法规规定的其他否决投标条款。

备注：

1.如果工程所在地招投标监督管理部门要求评标委员会对判定为否决投标的投标文件说明否决投标情况的，应增加“否决投标情况说明表”格式，否决投标情况说明应当对照招标文件规定的否决投标条件以及投标文件存在的具体问题，并在中标候选人公示时予以公开。

2.招标人可根据招标项目实际情况对上述否决投标情况进行调整，但不应与第二章“投标人须知”和本章正文部分包括的否决投标条件抵触，如果出现相互矛盾的情况，以第二章“投标人须知”和本章正文部分的规定为准。

第四章　合同条款及格式（略）

第一部分　合同协议书

第二部分　通用合同条款

第三部分　专用合同条款

第四部分　补充条款

第五章　工程量清单（略）

1.工程量清单编制说明

2.招标控制价编制说明

3.投标报价（已标价工程量清单）编制说明

第六章　图纸（略）

第七章　危险性较大的分部分项工程清单（略）

第八章　技术标准和要求（略）

第九章　投标文件格式（略）

1.　资格审查部分

1.1　投标人基本情况表（包含联合体各方）

1.2　联合体协议书（联合体投标人适用）

1.3　投标保证金的转账(或电汇)底单
1.4　建设工程项目管理承诺书
1.5　项目经理简历表
1.6　项目技术负责人简历表
1.7　项目安全员简历表
1.8　项目相关人员在职证明材料
1.9　资格审查需要的其他材料
1.10　附表
2.　商务标部分
2.1　投标函
2.2　投标函附录
2.3　投标报价表
2.4　已标价工程量清单
3　技术标部分
3.1　施工组织设计
3.2　拟分包计划表
3.3　项目管理机构

模块五
模拟编写投标文件

工程投标是工程承包人获取工程项目最关键的一步。特别是工程施工项目,对施工企业来说,既要考虑中标,又要确保经济效益。编制投标文件也是工程投标过程最重要的一项工作。房屋建筑工程施工投标文件一般由三部分组成,即资格部分、商务部分和技术部分。资格部分在模块三的实训中已经完成,本模块主要是商务文件和技术文件的编制实训。通过资格后审的N个投标人组进入编制商务和技术投标文件环节,未通过资格后审的投标人组,也可进行商务和技术投标文件编制活动,但不推荐为中标候选人。招标人评委组做好模块六开标活动的前期准备。

一、投标程序

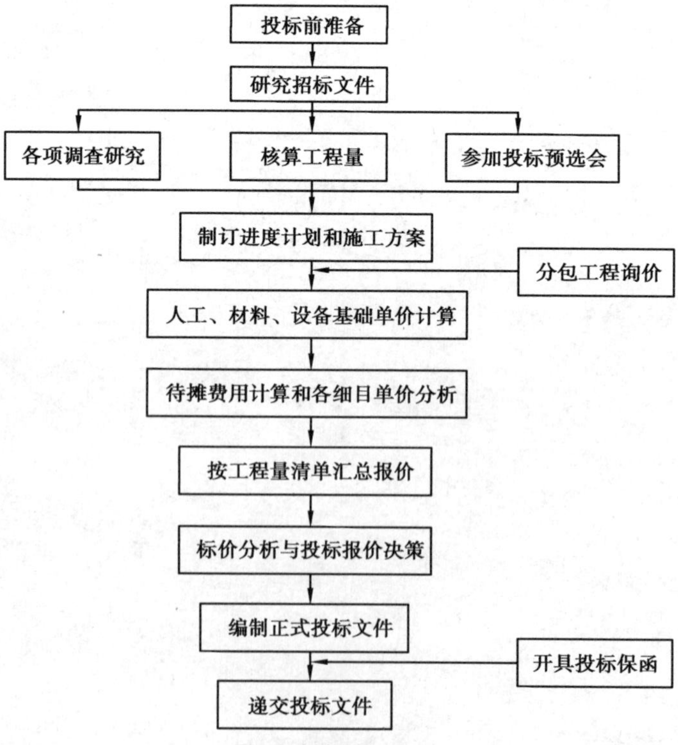

图1　投标程序框图

第一步,获取招标公告和购买招标文件。

第二步,收集商务标需要的各种证件复印件,将其扫描到电脑中。

第三步,按照招标文件里的格式把各种表格排列成序。

第四步,做好技术标的施工方案和施工进度计划表。

第五步,投标报价。

第六步,封装标书。

第七步,签字和盖章。

第八步,开标。

二、实训任务

1.模拟编写投标文件商务部分

商务部分由商务文件和价格文件组成,商务文件是用以注明投标人是否履行合法手续及了解投标商业资信、合法性的文件。价格文件是与投标人的投标报价相关的文件。因工程量清单报价必须借助项目图纸和造价软件才能完成,且清单编制是其他课程的内容,故招投标实训只模拟编制投标函、投标函附录和投标报价表部分。

2.模拟编写投标文件技术部分

投标技术文件由施工组织设计和项目管理机构两部分组成。由于施工组织设计的编制需要施工技术和施工组织管理专业知识,在校生很难胜任,故建议施工组织设计根据暗标(投标文件技术标封面或正文中不可出现投标人的名称和其他可识别投标人身份的字符、图表、徽标、业绩、荣誉或人员姓名以及其他特殊标记)的编制要求,以编制目录和各章节的标题为主。项目管理机构文件按模拟招标文件的要求编制。

3.开标活动的前期准备实训

投标组在开展投标文件的实训时,招标人评委组应做好开标评标的准备工作。如开标程序的安排、熟悉招标文件,特别是对评标办法及废标条款的理解以及准备开标、评标所需的表格等。

三、实训目的

(1)学生基本掌握投标文件的编制。

(2)学生逐步了解招投标程序。

四、实训要求

(1)教师就投标文件的编制进行讲解。主要讲解投标文件的编制要点,如何避免废标并编制出最大限度满足招标文件的投标文件。

(2)学生:听、看、学、做,按要求完成实训任务。

(3)学生分组:投标人小组完成实训任务(一)、(二),招标人评委组完成实训任务(三)。

(4)提交作业:

①招标人评委组完成开、评标表格的编制。

②投标人组提交上报已完成密封好的投标文件单位信息。

(5)成绩评定:教师可根据学生实训表现及成果,综合评定每个同学的成绩,分别评定为优秀、良好、中等、及格和不及格。

五、参考法律法规及相关规定

(1)《中华人民共和国招标投标法》(2017 修正)
(2)《中华人民共和国招标投标法实施条例》(2019 修订)
(3)《房屋建筑和市政基础设施工程施工招标投标管理办法》(2019 修正)
(4)《房屋建筑和市政工程标准施工招标文件》(2010 年版)
(5)《南宁市房屋建筑和市政工程施工招标文件范本》(2019 年版)

六、注意事项

(1)如果招标文件要求每一空格都要填写,则不得空着不填,否则即被视为放弃意见。重要数据不填,可能被作为废标处理。填报的文件应反复校对,保证分项和汇总计算均无错误。如填写中有错误而不得不修改时,应在修改处签字。

(2)投标文件最好用规范格式编制打印或用墨笔正楷书写。投标文件应当整洁,纸张统一,字迹端正清晰,装帧美观大方,给招标人和评审人员一个良好的印象。

七、附件

附件一　商务标投标文件格式

________(项目名称)施工招标

投　标　文　件

项目招标编号:

投标内容:　　商务标部分　　
投标人:________(盖单位章)
法定代表人:________(签字或盖章)

________年________月________日

一、投标函

1.根据你方项目招标编号为 (项目招标编号) 的 (工程项目名称) 工程招标文件,遵照《中华人民共和国招标投标法》等有关规定,经踏勘项目现场和研究上述招标文件的投标须知、合同条款、图纸、工程建设标准和工程量清单及其他有关文件后,我方愿以人民币(大写)________(RMB ¥________元)的投标总价并按上述图纸、合同条款、工程建设标准和工程量清单(如有时)的条件要求承包上述工程的施工、竣工,并承担任何质量缺陷保修责任。我方保证工程质量达到________等级。

2.我方已详细审核全部招标文件,包括修改文件(如有时)及有关附件。

3.我方承认投标函附录是我方投标函的组成部分。

4.一旦我方中标,我方保证按合同书中规定的工期________日历天内完成并移交全部工程。

5.如果我方中标,我方将按照文件规定提交履约保证金作为履约担保。

6.我方同意所提交的投标文件在招标文件的"投标人须知"中第 3.3.1 条规定的投标有效期内有效,在此期间内如果中标,我方将受此约束。

7.除非另外达成协议并生效,你方的中标通知书和本投标文件将成为约束双方的合同文件的组成部分。

8.我方将与本投标函一起,提交无条件保函(保证额度________元)或人民币________元作为投标保证金。

续表

投　标　人：__________（盖单位章）
单位地址：
法定代表人：　　　　（签字或盖章）
邮政编码：________电话：________传真：
开户银行名称：
开户银行账号：
开户银行地址：
开户银行电话：
日期：________年________月________日

二、投标函附录

项目名称：________项目招标编号：

序号	条款内容	合同条款号	约定内容	投标人响应情况
1	项目经理	专用条款	姓名：	
2	投标有效期		________日历天	
3	工期	专用条款	________日历天	
4	缺陷责任期	专用条款		
5	发包人支付担保	专用条款		
6	承包人履约担保金额	专用条款		
7	分包	专用条款	见分包项目情况表	
8	逾期竣工违约金	专用条款		
9	逾期竣工违约金最高限额	专用条款		
10	质量标准	专用条款		
11	预付款额度	专用条款		
12	预付款保函金额	专用条款		
13	质量保证金额度	专用条款	结算价的____%	
⋮	⋮			
说明：投标人在响应招标文件中规定的实质性要求和条件的基础上，可做出其他有利于招标人的承诺。此类承诺可在本表中予以补充填写。				

投标人（盖单位章）：
法人代表（签字或盖章）：
日期：________年________月________日

三、投标报价表

项目名称：　　　　　　　　币种：人民币

投标总价		万元	备　注
其中	安全文明施工费	万元	
	发包人提供材料（设备）暂估价（如有）	万元	
	专业工程暂估价（如有）	万元	
	暂列金额（如有）	万元	
主要材料	钢筋	吨	
	水泥（不含商品混凝土用量）	吨	
	商品混凝土	m^3	

续表

投标人(盖单位章):
法定代表人(签字或盖章):
日期:________年________月________日

四、已标价工程量清单

1.已标价工程量清单应按第五章“工程量清单”中的相关表格及投标报价说明填写。构成合同文件的已标价工程量清单包括第五章“工程量清单”有关工程量清单、投标报价以及其他说明的内容。

2.一般计税法建设工程已标价工程量清单表格按《关于建筑业实施营业税改征增值税后广西壮族自治区建设工程计价依据调整的通知》(桂建标〔2016〕17号)附件“增值税一般计税方法工程计价表”要求提供,简易计税法表格按《〈建设工程工程量清单计价规范〉(GB5050—2013)广西壮族自治区实施细则》要求的表格提供,但规费和税费按照《关于建筑业实施营业税改征增值税后广西壮族自治区建设工程计价依据调整的通知》(桂建标〔2016〕17号)、《自治区住房和城乡建设厅关于调整建设工程计价增值税税率的通知》(桂建标〔2018〕14号)、《自治区住房和城乡建设厅关于调整建设工程计价增值税税率的通知》(桂建标〔2019〕12号)调整,具体内容包括:

1.1 投标总价(封3)
1.2 投标总价(扉3)
1.3 总说明(表01)
1.4 建设项目投标报价汇总表(表02)
1.5 单项工程投标报价汇总表(表03)
1.6 单位工程投标报价汇总表(表04)
1.7 分部分项工程和单价措施项目清单与计价表(表08)
1.8 工程量清单综合单价分析表(表09)
1.9 主要清单项目工料机分析表(表10)
备注:可按要求有选择地提供。
1.10 总价措施项目清单与计价表(表11)
1.11 其他项目清单与计价汇总表(表12)
1.12 暂列金额明细表(表12-1)
1.13 材料(工程设备)暂估单价及调整表(表12-2)
1.14 专业工程暂估价及结算价表(表12-3)
1.15 计日工表(表12-4)
1.16 总承包服务费计价表(表12-5)
1.17 税前项目清单与计价表(表14)
1.18 规费、增值税计价表(表15)
1.19 发包人提供主要材料和工程设备一览表(表21)
1.20 承包人提供主要材料和工程设备一览表(适用于造价信息差额调整法)(表22)
1.21 承包人提供主要材料和工程设备一览表(适用于价格指数差额调整法)(表23)

备注:
①投标人在上传投标报价文件时应上传纸质投标总价封面的原件扫描件。报标总价封面必须经投标人盖章,并由法定代表人(或其委托人)签字(或盖章),同时由编制人签字盖专用章。
②1.8 工程量清单综合单价分析表和1.9 主要清单项目工料机分析表要求附上。
③已标价工程量清单表格要严格按照招标工程量清单给出的表格要求和内容填报。如本工程在合同中约定采用造价信息价差调整法,1.18 承包人提供主要材料和工程设备一览表(适用于造价信息差额调整法)(表22)载明的主要材料和设备为本工程允许调整的材料和设备,招标工程量清单必须提供该表格,且不能提供空白表。以下表格视工程实际需要选用,如该工程不发生如下表格相关项目和费用,招标工程量清单不应列入该部分表格,已标价工程量清单亦不包括这部分表格。

续表

①建设项目投标报价汇总表(表02) ②暂列金额明细表(表12-1) ③材料(工程设备)暂估单位及调整表(表12-2) ④专业工程暂估价及结算价表(表12-3) ⑤计日工表(表12-4) ⑥总承包服务费计价表(表12-5) ⑦税前项目清单与计价表(表14) ⑧承包人提供主要材料和工程设备一览表(适用于价格指数差额调整法)(表23)

附件二 技术标投标文件格式

________(项目名称)施工招标

投 标 文 件

项目招标编号:

投标内容:________技术标部分

投标人:________(盖单位章)

法定代表人:________(签字或盖章)

________年________月________日

目 录

一、施工组织设计

一、技术标的施工组织设计编制要求:

1.技术标施工组织设计应按投标人须知3.1.1.3施工组织设计要求的内容顺序编制,可采用文字并结合图表形式说明施工方法。

2.技术标施工组织设计除采用文字表述外可附下列图表,图表及格式要求附后。

附表一 拟投入本工程的主要施工设备表

附表二 拟配备本工程的试验和检测仪器设备表

附表三 劳动力计划表

附表四 计划开、竣工日期和施工进度计划(网络图或横道图)

附表五 施工总平面图

附表六 临时用地表

二、技术标中施工组织设计采用暗标编制,具体要求如下:

(一)技术标中施工组织设计纳入"暗标"的内容:

本招标文件第二章投标人须知3.1.1.3技术标的施工组织设计全部内容纳入"暗标"部分。

(二)暗标的编制要求

1.技术标施工组织设计封面的编制:

需点击投标文件编制专用工具的"编辑文档"按钮进行内容编辑,关闭编辑框后软件自动将编辑内容转换成PDF格式文档;

续表

2.技术标施工组织设计正文编制：

导入已编制好的技术标施工组织设计正文文档，将技术标施工组织设计正文文档相应内容与各个评分点进行节点对应。

3.目录要求：

技术标施工组织设计首页应为目录，目录标题采用宋体三号居中，正文采用宋体四号左端对齐。目录中各章点名称与其页数之间采用点划线，页数放在最后一列，目录不编制页码。目录应按如下规则编制：

1.概述；

1.1…

1.1.1…

1.2…

1.2.1…

2.主要施工方法；

3.拟投入的主要物资计划；

4.拟投入的主要施工机械、设备计划；

5.劳动力安排计划；

6.确保工程质量的技术组织措施；

7.确保安全生产的技术组织措施；

8.确保工期的技术组织措施；

9.确保文明施工的技术组织措施；

10.工程施工的重点和难点及保证措施；

11.施工总平面布置图；

12.其他（如有）（与评标办法前附表技术标评分标准一致）。

4.章节要求：

技术标施工组织设计应按投标人须知正文 3.1.1.3 要求的内容顺序编制，各章节间应分页编排。章节序号应按 1.，1.1，1.1.1…类比编排。

5.排版要求：

字体、字符间距：宋体，黑色，字符间距缩放 100%，间距，位置为标准；

字号、行距：一级标题采用三号字，居中排版；其他采用小四号字，开始段落空两个字符，行距设 1.5 倍行距；

页边距：上下左右均为 2.15 cm，装订线 0 cm；

页眉页脚：页眉页脚距边界 1.5 cm，不允许有页眉，页脚只允许有页码，页码采用阿拉伯数字，宋体五号，居中布置，页码应当连续，不得分章或节单独编码；

（1）表格内文字要求：宋体小四号字体

（2）图表字体、颜色不做限制

（3）图片：颜色不做限制

6.编写软件及版本要求：Microsoft Word；

7.“技术标”的施工组织设计正文中不得出现投标人的名称和其他可识别投标人身份的字符（图表）、徽标、业绩、荣誉或人员姓名以及其他特殊标记等。

附表一：拟投入本工程的主要施工设备表

序号	设备名称	型号规格	数量	国别产地	制造年份	额定功率/kW	生产能力	用于施工部位	备注

续表

附表二:拟配备本工程的试验和检测仪器设备表

序号	仪器设备名称	型号规格	数　量	国别产地	制造年份	已使用台时数	用　途	备　注

附表三:劳动力计划表

单位:人

工种	按工程施工阶段投入劳动力情况						

附表四:计划开、竣工日期和施工进度计划(网络图或横道图)

1.投标人应提交施工进度计划,说明按招标文件要求的工期进行施工的各个关键日期。中标的投标人还应按合同条件有关条款的要求提交详细的施工进度计划。

2.施工进度计划可采用网络图(或横道图)表示,说明计划开工日期和各分项工程各阶段的完工日期和分包合同签订的日期。

3.施工进度计划应与施工组织设计相适应。

附表五:施工总平面图

投标人应递交一份施工总平面图,绘出现场临时设施布置图表并附文字说明,说明临时设施、加工车间、现场办公、设备及仓储、供电、供水、卫生、生活、道路、消防等设施的情况和布置。

附表六:临时用地表

用　途	面积(m^2)	位　置	需用时间

续表

二、拟分包计划表

序号	拟分包项目名称、范围及理由	拟选分包人					备注
		拟选分包人名称		注册地点	企业资质	有关业绩	
		1					
		2					
		3					
		1					
		2					
		3					

备注：本表所列分包仅限于承包人自行施工范围内的非主体、非关键工程。

日期：　年　月　日

三、项目管理机构

1.项目管理机构配备情况表

______（招标工程项目名称）______工程

岗　位	姓名	职称	执业或职业资格证明				承担完工工程情况	
			证书名称	级　别	证　号	专　业	项目数	主要项目名称
施工员								
质量员								
安全员								
材料员								
…								

一旦我单位中标，将实行项目经理负责制，我方保证并配备上述项目管理机构。上述填报内容真实，若不真实，愿按有关规定接受处理。项目管理班子机构设置、职责分工等情况另附资料说明。相关证明材料未通过广西建筑业企业诚信信息库审核的，在评审时不予承认。

备注：附已录入广西建筑业企业诚信信息库的各岗位人员资格证件（如有）扫描件。以上扫描件均为原件的扫描件。

续表

2.项目经理(注册建造师)简历表

______(招标工程项目名称)______工程

姓　名		性　别		年　龄	
职　务		职　称		学　历	
参加工作时间			担任项目经理年限		
建造师注册证书编号					
在建和已完工程项目情况					
建设单位	项目名称	建设规模	开、竣工日期	在建或已完	工程质量

备注:

1.已完成的类似工程应附中标通知书(如有)、合同协议书有关页面、工程竣工验收证明材料的扫描件。在建类似工程应附中标通知书(如有)、工程合同协议书有关页面扫描件。以上扫描件均为原件的扫描件。

2.相关证明材料未通过广西建筑业企业诚信信息库审核的,在评审时不予承认。

3.在建工程和该项目经理在投标人以外的其他单位完成的工程项目,其相关证明材料无法在广西建筑业企业诚信信息库中勾选的,投标人可将原件扫描件另外上传到电子招投标系统相应位置。

3.项目技术负责人简历表

______(招标工程项目名称)______工程

姓　名		性　别		年　龄	
职　务		职　称		学　历	
参加工作时间			担任技术负责人年限		
在建和已完工程项目情况					
建设单位	项目名称	建设规模	开、竣工日期	在建或已完	工程质量

备注:

1.职称证、已完成的类似工程应附中标通知书(如有)、合同协议书有关页面、工程竣工验收证明材料的扫描件。在建类似工程应附中标通知书(如有)、工程合同协议书有关页面扫描件。以上扫描件均为原件的扫描件。

2.相关证明材料未通过广西建筑业企业诚信信息库审核的,在评审时不予承认。

3.在建工程和该项目技术负责人在投标人以外的其他单位完成的工程项目,其相关证明材料无法在广西建筑业企业诚信信息库中勾选的,投标人可将原件扫描件另外上传到电子招投标系统相应位置。

模块六
模拟开标活动现场

开标是招投标活动必要的环节。开标过程必须做到公平、公正、公开,开标既然是公开进行的,就应当有一定的相关人员参加,这样才能确保公开性,让投标人的投标为各投标人及有关方面所共知。一般情况下,开标由招标人主持;在招标人委托招标代理机构代理招标时,开标也可由该代理机构主持。主持人按照规定程序负责开标的全过程。其他开标工作人员办理开标作业及制作记录等事项。邀请所有的投标人或其代表出席开标,可以使投标人了解开标是否依法进行,有助于使他们相信招标人不会随意做出不适当的决定;同时,也可以使投标人了解其他投标人的投标情况,做到知己知彼,大体衡量一下自己中标的可能性,这对招标人的中标决定也将起到一定的监督作用。此外,为了保证开标的公正性,一般还邀请相关单位的代表参加,如招标项目主管部门的人员,监察部门代表等。有些招标项目,招标人还可以委托公证部门的公证人员对整个开标过程依法进行公证,开标虽然时间较短,但必须按规定的程序进行,目的是让学生能够更好地熟悉整个开标过程,尽可能贴合实际。本模块在模块五的基础上进行,主要是场景模拟。招标人评委组做好开标现场的布置,按规定的程序进行开标并唱标;投标人组在规定的时间前递交投标文件,按开标活动规定参加开标会。

一、实训任务

1.模拟房屋建筑工程施工招投标开标活动

招标人评委组推荐一名组织者,主持整个开标活动,其他人员根据分工参加开标活动。将满足招标文件要求的投标文件移送下一环节,将不满足招标文件要求的投标文件交叉退给各废标小组,以便进行下一环节实训。投标人组在投标截止时间之前递交符合密封要求的投标文件(或电子投标文件),参加投标活动。

具体开标程序如下:

(1)由投标人或者其推选的代表检查投标文件的密封情况,也可以由招标人委托的公证机构检查并公证。投标人数较少时,可由投标人自行检查;投标人数较多时,也可以由投标人推举代表进行检查。招标人同样可以委托公证机关进行投标文件审查和拆封。招标人或者其推选的代表或者公证机构经检查发现密封被破坏的投标文件,应当予以拒收。

(2)经确认无误的投标文件,由工作人员当众拆封。投标人或者投标人推选的代表或者公证机构对投标文件的密封情况进行检查以后,确认密封情况良好,没有问题,则可以由现场的工作人员在所有在场人的监督之下进行当众拆封。

(3)宣读投标人名称、投标价格和投标文件的其他主要内容。即拆封以后,现场的工作人员应当高声唱读投标人的名称、每一个投标的投标价格以及投标文件中的其他主要内容。其他主要内容,主要是指投标报价有无折扣或者价格修改等。

2.注意事项

(1)招标文件要求提交投标文件的截止时间前收到的所有投标文件,开标时都应当众拆封,不能遗漏投标文件,做到全部当众拆封,避免造成不公平。

(2)超过截止日期提交的投标文件应当予以拒绝拆封。

(3)开标的全过程应当进行记录,备案。

(4)开标过程应当公平、公正、公开,不允许徇私舞弊。

二、实训目的

(1)让学生对开标环节有更深一层了解,将学习到的知识运用到实际当中;

(2)使得学生对招投标法有更多理解,同时为学生日后进入社会拓宽就业渠道。

三、实训要求

(1)学生根据角色分工,按要求完成实训任务。

(2)教师:开标完成后或进行过程中,根据学生的情景模拟表现,指出问题,帮助学生圆满完成实训任务,总结本环节的经验。

(3)学生分组:招标人评委组与投标人组合作,共同完成实训任务。

(4)提交作业:

①招标人评委组完成开标表格的填写。

②投标人组提交投标文件和投标保证金。

(5)成绩评定:教师可根据学生实训表现及成果,综合评定每个同学的成绩,分别评定为优秀、良好、中等、及格和不及格。

四、参考法律法规及相关规定

(1)《中华人民共和国招标投标法》(2017 修正)

(2)《中华人民共和国招标投标法实施条例》(2019 修订)

(3)《房屋建筑和市政基础设施工程施工招标投标管理办法》(2019 修正)

(4)《南宁市房屋建筑和市政工程施工招标文件范本》(2019 年版)

五、附件

附件一　开标授权委托书

开标授权委托书

本授权委托书声明：我________（姓名）系____________________（投标人名称）的法定代表人，我公司自愿参加（项目名称及项目招标编号）的招投标活动，现授权本公司的专职投标员________（姓名）作为公司的授权代理人，代表我公司递交投标文件、参加开标活动、签署开标记录、澄清投标文件等一系列与项目投标活动有关的事项，代理人在该活动中签署的一切文件和处理与之有关的一切事务，我均予以承认。

本授权书有效期：　　年　　月　　日至　　年　　月　　日止。

代理人无转委托权，特此委托。

代理人姓名：________　性别：________年龄：________

专职投标员身份证号码：____________________　职务：________________

投标人：______________________________（盖单位章）

法定代表人：__________________________（签字或盖章）

授权委托日期：______年____月____日

备注：附法定代表人身份证明及身份证、专职投标员身份证的复印件加盖投标单位公章。

附件二　法定代表人身份证明

法定代表人身份证明

投 标 人：

单位性质：

地　　址：

成立时间：______年____月____日

经营期限：

姓　　名：__________　性　　别：__________

年　　龄：__________　职　　务：__________

系______________________________（投标人名称）的法定代表人。

特此证明。

投标人：________________________（盖单位章）

______年____月____日

附件三 开标所需参考表格

附表一 投标单位和人员诚信状态核查情况记录表

投标单位和人员诚信状态核查情况记录表

项目名称：________（项目名称） 项目招标编号：________ 开标时间：____年____月____日

招标人：________ 招标代理机构：________ 招标代理员身份证号：________

序号	投标单位	专职投标员			项目经理				专职安全员			核查结论	法定代表人或专职投标员签字（必须为专职投标员持证本人）	验证项目经理和专职安全员与投标文件中拟投人者是否一致（本列由评委填写）
		姓名	身份证号	是否有效（处于启用状态方为有效）	姓名	身份证号	存在在建工程及不良行为情况	是否有效（处于启用状态方为有效）	姓名	身份证号	是否有效（处于启用状态方为有效）			
1														
2														
3														

续表

序号	投标单位	专职投标员			项目经理				专职安全员			核查结论	法定代表人或专职投标员签字（必须为专职投标员持证本人）	验证项目经理和专职安全员与投标文件中拟投入者是否一致（本列由评委填写）
		姓名	身份证号	是否有效（处于启用状态方为有效）	姓名	身份证号	存在在建工程及不良行为情况	是否有效（处于启用状态方为有效）	姓名	身份证号	是否有效（处于启用状态方为有效）			
4														
…														

招标人授权代表（签字）： 记录人（签字）： 监督人员（签字）：

评委签字（仅负责核查投标文件中拟投入的项目经理或专职安全员与本记录表中的项目经理或专职安全员是否相符）：

备注：开标前身份证验证时，如投标单位的专职投标员、项目经理和专职安全员中有一人的身份证未处于有效状态，则为身份证未通过验证，该投标文件为无效投标文件；评标时，如评委发现投标单位投标文件中拟投入的项目经理或专职安全员与开标时所验身份证的项目经理或专职安全员不相符时，应视作该投标单位的身份证未通过验证。

附表二 开标记录表

(一)开标记录表

项目名称：________(项目名称)　　项目招标编号：________　　开标时间：______年____月____日

招标人：________________　　招标代理机构：________________

序号	投标单位	是否按时递交投标文件	投标文件密封性	资格证件是否有效	投标文件是否有效	提交的投标保证金(万元)	投标总报价(元)	自报工期(日历天)	自报质量等级	…(根据投标报价表内容增减)	备注	投标人专职投标员签字确认
1												
2												
3												
4												
5												
6												
7												

招标人授权代表(签字)：　　记录人(签字)：　　监督人员(签字)：

见证人员(签字)：

（二）开标会异常记录表（如有）

工程名称：___________（项目名称）　　　　项目招标编号：___________

开标时间：_____年___月___日

建设单位：

招标代理机构：

开标会异常情况记录：　　投标人＊＊＊＊质疑＊＊＊＊＊＊＊＊＊＊＊＊＊＊

开标现场质疑人：　　　　　　＊＊＊公司　　　　　授权代表签字：　　　　　日期：

招标人代表：

（情况属实……）、（招标人简单答复：……）等

签字：　　　　　日期：

招标代理机构项目负责人：（情况属实……）、（招标代理机构简单答复：……）等

签字：　　　　　日期：

开标现场其余投标人授权代表签字：

模块七
模拟评标活动

评标是指评标委员会和招标人依据招标文件规定的评标标准和方法对投标文件进行审查、评审和比较的行为。评标是招标投标活动中十分重要的阶段，评标是否真正做到公开、公平、公正，决定着整个招标投标活动是否公平和公正；评标的质量决定着能否从众多投标竞争者中选出最能满足招标项目各项要求的中标者。评标应由招标人依法组建的评标委员会负责，即由招标人按照法律的规定，挑选符合条件的人员组成评标委员会，负责对各投标文件的评审工作，评标是检验招投标活动成败的重要环节。所以，在构建课程完整性，以及给学生体验评标过程和提高评标能力的同时，本模块应该与模块六合在一起实训，开标结束就是评标的开始。招标人评委组按规定进行评标，并推荐中标人或中标候选人。

一、实训任务

(一)模拟建筑工程施工招投标评标活动

1.模拟组建评标委员会

根据《中华人民共和国招标投标法实施条例》，组建评标委员会要求为：

(1)评标委员会依法组建，负责评标活动，向招标人推荐中标候选人或者根据招标人的授权直接确定中标人。

(2)评标委员会由招标人或其委托的招标代理机构熟悉相关业务的代表，以及有关技术、经济等方面的专家组成，成员人数为五人以上单数，其中技术、经济等方面的专家不得少于成员总数的三分之二；评标委员会设负责人的，评标委员会负责人由评标委员会成员推举产生或者由招标人确定。评标委员会负责人与评标委员会的其他成员有同等的表决权。

(3)评标委员会的专家成员应当从依法组建的专家库内的相关专家名单中确定。

2.评标专家入选条件

(1)从事相关专业领域工作满八年并具有高级职称或者同等专业水平；

(2)熟悉有关招标投标的法律法规，并具有与招标项目相关的实践经验；

(3)能够认真、公正、诚实、廉洁地履行职责；

(4)身体健康状况需要满足相关要求，能够承担评标工作。

3.评标准备和初步评审

初步评审目的是在符合招标文件确定的评标办法与标准情况下，对投标文件进行初步审查，主要对文件格式、是否符合资格、是否影响实质性评审，从而判断投标文件是否存在重大偏差，或者与事实内容有严重性脱离，不符合实际的投标文件进行提前淘汰，不能进入详细评审，只有经过初步评审确认没有重大偏差、实质性影响招标文件要求、脱离现实的文件才可以进入详细评审。下面阐述初步评审内容：

(1)形式评审

①投标文件格式以及内容组成进行是否按照投标文件的要求进行书写，字迹是否清晰可见；

②投标文件内容组成完整，证明材料提交完整，足以证明相关条件，例如：营业执照、资质证书、相关人员许可证等；

③投标文件所提供的法定代表人需要出具证明，证明有效性；

④投标报价是否统一，一份投标文件只允许有一个报价。

(2)资格审查

该过程只适用于没有进行资格预审的评标。

(3)影响评审因素

①投标内容有无实质性偏差；

②投标有效期是否满足；

③能否在规定工期内完成；

④投标保证金提交是否完整；

⑤投标报价是否合理。

4.详细评审

详细评审是对投标文件进行全面性审查，与投标文件之间就实施方案、实施计划进行优劣性比较，当设置有标底时，应该参考标底，为建设方提供一份公平、公正、合法的投标文件，同时也是为建设保驾护航。详细评审通常分为两个部分：技术标评审和商务标评审。评标方法包括经评审的最低投标标价法、综合评估法或者法律、行政法规循序的其他评价方法。其中，经评审的最低投标价法一般适用于具有通用技术、性能标准或者招标人对其技术、性能没有特殊要求的招标项目。不宜采用经评审的最低投标价法的招标项目，应当采用综合评估法。根据综合评估法，最大限度地满足招标文件中规定的各项评价标准，可以采取折算为货币的方法、打分的方法或者其他方法。

5.推荐中标候选人与定标

评标委员会在完成评标后，应该为招标人提供书面评标报告，清楚地说明评标委员会的评审以及比较意见。最为重要的是对每一个投标文件的评价，评标委员会应当为招标人提供不超过三个有排名的中标候选人，在招标人未授权评标委员会直接确定中标人时，招标委员会无权确定投标人。

(二)模拟编写评标报告

评标结束后，招标人评委组要出具评标报告，说明评标活动情况。评标报告应当如实记载以下内容：

（1）基本情况和数据表；

（2）评标委员会成员名单；

（3）开标记录；

（4）符合要求的投标一览表；

（5）评标标准、评标方法或者评标因素一览表；

（6）经评审的价格或者评分比较一览表；

（7）经评审的投标人排名；

（8）推荐的中标候选人名单与签订合同前要处理的事宜；

（9）澄清、说明、补正事项纪要。

二、实训目的

（1）让学生对评标流程更为熟悉，掌握基本评标办法，对投标文件规范性制作有指示性作用；

（2）使得学生评标能力提高，能够基本识别投标文件是否有效。

三、实训要求

（1）教师：开标完成后或进行过程中，组织学生进行评标实训，实训要求符合正确流程，最大化贴切实际流程，全过程要符合国家相关法律法规，体现公平、公正、公开原则。同时，根据学生的情景模拟表现，指出学生在评标过程中出现的问题，要求学生完全遵守正确流程，帮助学生圆满完成实训任务。总结本环节存在的问题，提升学生评标能力，对招投标相关法律有更深一层了解，做到以不变应万变。

（2）学生根据角色分工，按要求完成实训任务，招标人评委组负责完成评标；投标人组辅助完成评标工作。

（3）提交作业：

①招标人评委组完成评标并填写评标表格。

②投标人组提交各已废投标文件存在的问题的详细内容，并提出修改建议。

③评标委员会提供不超过三个有排名的中标候选人。

④对进入详细评标的投标文件进行合理分析，给出书面报告。

（4）成绩评定：教师可根据学生实训表现及成果，综合评定每个同学的成绩，分别评定为优秀、良好、中等、及格和不及格。

四、参考法律法规及相关规定

（1）《中华人民共和国招标投标法》（2017 修正）

（2）《中华人民共和国招标投标法实施条例》（2019 修订）

（3）《房屋建筑和市政基础设施工程施工招标投标管理办法》（2019 修正）

（4）《南宁市房屋建筑和市政工程施工招标文件范本》（2019 年版）

（5）《评标委员会和评标方法暂行规定》（2013 修正）。

五、附件

附件一 评标报告参考模板

广西＊＊区Ⅰ期(地块三)主体施工

[＊＊＊＊＊＊＊＊＊]

施工招标评标工作报告

受招标人＊＊委托,本评标委员会对以下项目进行评标,评标过程如下:

一、项目名称:

二、评标委员会组成(包括商务标评委、技术标评委及业主评委)

周＊、韦＊＊、熊＊、黄某(组长)、梁＊＊

业主评委:杨＊＊(商务评委)、黄＊＊(技术评委)

三、评标情况

1.评标标准、评标方法:本次评标采用综合评估法。评标委员会对满足招标文件实质性要求的投标文件,按照第三章2.2条款进行评审,并按得分由高到低的顺序推荐中标候选人,或根据招标人授权直接确定中标人,但投标报价低于成本的除外。投标人最终得分(该投标人的商务得分+企业诚信行为得分)相等时,以投标报价低的优先;投标价也相等时,以企业用于该项工程投标的资质高的优先;企业用于该项工程投标的资质也相等的,由评标委员会采用记名投票方式确定。

2.资格评审:至本项目截标时间,共收到16家投标人远程解密递交的投标文件,16家投标人投标文件均解密成功。工作人员把成功解密的有效投标文件导入评标系统,评委对投标单位投标文件进行资格评审,资格评审保证项目,审查投标人是否符合法律、法规、规章及招标文件对企业资质、业绩等规定的资格条件和其他强制性标准,是否处于正常经营状况等情况。本阶段不符合任何一项资格评审标准的投标人将被拒绝,不得进入下一阶段的评审。经评审,所有投标人的资格审查均合格通过。依据招标文件第三章评标办法中的资格评审标准,资格后审总分满分为100分,总分60分及以上为合格。按得分由高到低的顺序选择9家投标单位作为合同投标人进入本工程下阶段的评审。经评审,中国＊＊集团有限公司等,共9家进入本工程下阶段的评审,并进入唱标报价阶段。唱标报价表如下:

序号	投标人名称	投标报价(元)	自报工期(日历日)	自报质量等级
1	投标人一	255 654 509.07	1 200	市优
2	投标人二	255 915 575.75	1 200	市优
3	投标人三	255 938 356.80	1 200	市优
4	投标人四	259 810 195.29	1 200	市优
5	投标人五	259 810 484.73	1 200	市优
6	投标人六	259 810 498.36	1 200	市优
7	投标人七	253 575 052.68	1 200	市优
8	投标人八	256 133 053.51	1 200	市优
9	投标人九	255 956 388.67	1 200	市优
本项目开标会现场抽取K值为0.97;企业信誉实力分值权重为8%。				
本项目招标上限控制价为:人民币贰亿伍仟玖佰捌拾壹万零伍佰零肆元叁角玖分(¥259 810 504.39)				

续表

3.形式审查,9 家投标人均通过形式审查。

4.响应性审查,9 家投标人均通过响应性审查。

5.详细评审:进入详细评审的 9 家投标人均通过详细审查。

6.评标结果:

经评委评审,＊＊集团第＊工程有限公司工期合理、施工方案可行,综合得分最高(95.80 分),因此,评委一致推荐该公司为第一中标候选人,报价为:253 575 052.68 元;广西＊＊建筑工程有限责任公司综合得分次高(92.35 分),为第二中标候选人,报价为:255 915 575.75 元;广西＊＊有限公司综合得分第三高(91.06 分),为第三中标候选人,报价为:255 938 356.80 元。

评标专家签字:(略)

附件:(略)

1.开标记录表(略)、开标会情况登记表(一)(略)、评标会情况登记表(二)(略)、评标会情况登记表(三)(详见下表)

2.评委签到表

3.资格评审汇总表、详细评分汇总表、符合性评审(商务标)汇总表、符合性评审(技术标)汇总表、技术评审汇总表、商务评审汇总表、定标情况表、企业信誉实力评分汇总表、否决投标通知书、专家廉洁自律承诺书

评标会情况表(三)

项目名称及项目招标编号:________________(项目名称):　　　　时间:　　年　　月　　日

序号	投标人名称	投标总价(元)	初步评审			详细评审				排序(由低至高)
			资信审查是否合格	形式评审是否合格	响应性评审是否合格	技术标加权平均得分(满分分)	商务标得分		总得分(满分100分)	
							报价分加权得分(满分分)	企业信誉实力加权得分(满分分)		
1	投标人一	255 654 509.07	9.06	合格	合格	19.25	54.802 1	7.643 9	90.76	4
2	投标人二	255 915 575.75	9.5	合格	合格	20.35	54.712 5	7.784 4	92.35	2
3	投标人三	255 938 356.80	9.4	合格	合格	19.15	54.704 8	7.807 4	91.06	3
4	投标人四	259 810 195.29	9	合格	合格	17.75	53.376 6	7.725 6	87.85	6
5	投标人五	259 810 484.73	8.851 7	合格	合格	16.75	53.376 5	5.953 1	84.93	8
6	投标人六	259 810 498.36	9.035	合格	合格	16.3	53.376 5	4.315 4	83.03	9
7	投标人七	253 575 052.68	9.665	合格	合格	23.1	55.515 5	7.521 2	95.80	1
8	投标人八	256 133 053.51	9.14	合格	合格	17.25	54.638	6.292 9	87.32	7
9	投标人九	255 956 388.67	9.614 3	合格	合格	15.85	54.698 6	7.820 2	87.98	5
最终推荐的中标候选人及其排序	第一名:投标人七									
	第二名:投标人二									
	第三名:投标人三									

附件二　评标所需参考表格

附表一　评标委员会签到表

评标委员会签到表

项目名称及项目招标编号：________________　　时间：　　年　　月　　日

序号	姓名	职称	工作单位	专家证号码	联系电话	签到时间
1						
2						
3						
4						
5						
6						
7						

附表二　资格审查评审记录表

（一）资格审查评审记录表（合格制）

项目名称及项目招标编号：______________　　　　时间：　　年　　月　　日

序号	评审因素	投标人名称及评审意见							
1	投标文件签署								
2	营业执照								
3	安全生产许可证								
4	资质等级								
5	财务状况								
6	类似项目业绩（如有）								
7	诚信								
8	项目经理								
9	专职安全员								
10	联合体投标人（如有）								
11	投标保证金								
12	其他要求								
13	……								
是否通过评审									

备注：根据评分办法的资格审查标准调整本表。

评标委员会全体成员签名：　　　　日期：　　年　　月　　日

（二）资格审查评审记录表一（有限数量制）

项目名称及项目招标编号：________________　　　　时间：　　年　　月　　日

序号	投标人名称	合格标准：投标人符合第二章“投标人须知”第1.4项规定的，且按规定提交了第二章“投标人须知前附表”3.1.1项资格审查部分（1）～（9）项内容的，方可进行资格审查评分。									备注	可否进行资格审查评分
		（1）	（2）	（3）	（4）	（5）	（6）	（7）	（8）	（9）		
1												
2												
3												
4												
5												
6												
7												
8												
9												
10												
11												
12												

评标委员会全体成员签名：　　　　日期：　　年　　月　　日

(三)资格审查评审记录表二(有限数量制)

项目名称及项目招标编号:________________　　　　时间:　　年　　月　　日

序号	评审因素	投标人名称及评审意见									备注
1	(一)企业基本情况 (满分____分)										
2	(二)企业诚信情况 (满分____分)										
3	(三)项目经理情况 (满分____分)										
4	(四)技术负责人情况 (满分____分)										
5	(五)拟投入本工程管理人员情况 (满分____分)										
6	(六)拟投入施工机械设备情况 (满分____分)										
7	(七)企业财务状况 (满分____分)										
8	……										

备注:根据评分办法的资格审查标准调整本表。

评标委员会全体成员签名:　　　　日期:　　年　　月　　日

附表三　形式评审记录表

形式评审记录表

项目名称及项目招标编号：________________　　　　时间：　　年　　月　　日

序号	评审因素	投标人名称及评审意见								
1	投标人名称									
2	投标函签字盖章									
3	投标文件格式									
4	联合体投标人(如有)									
5	报价唯一									
6	……									
是否通过评审										

备注：本表可根据评分办法的需要进行调整。

评标委员会全体成员签名：　　　　日期：　　年　　月　　日

附表四 响应性评审记录表

响应性评审记录表

项目名称及项目招标编号：________________　　　　时间：　　年　　月　　日

序号	评审因素	投标人名称及评审意见								
1	投标内容									
2	工期									
3	工程质量									
4	投标有效期									
5	权利义务									
6	技术标准和要求									
7	投标价格									
8	分包计划(如有)									
9	已标价工程量清单									
10	……									
是否通过评审										

备注：本表可根据评分办法需要分为商务标响应性评审记录表和技术标响应性评审记录表。

评标委员会全体成员签名：　　　　日期：　　年　　月　　日

附表五　技术标评分记录表

(一)技术标评分记录表

项目名称及项目招标编号:________________　　　　时间:　　年　　月　　日

序号	评审因素	投标人名称及评审意见								
1.项目管理机构(满分20)	(1)项目经理任职资格与业绩、工作经历等									
	(2)其他主要人员									
2.施工组织设计(满分80)	(1)主要施工方法									
	(2)拟投入的主要物资计划									
	(3)拟投入的主要施工机械、设备计划									
	(4)劳动力安排计划									
	(5)确保工程质量的技术组织措施									
	(6)确保安全生产的技术组织措施									
	(7)确保工期的技术组织措施									

续表

2.施工组织设计(满分80)	(8)确保文明施工的技术组织措施									
	(9)工程施工的重点和难点及保证措施									
	(10)施工总平面布置图									
	(11)其他									
	……									
技术标得分(满分100分)合计										
技术标加权得分合计(满分______)										
技术标是否合格(技术标加权得分低于技术标加权满分的60%的)										

备注:本表可根据评分办法的需要进行调整。

评标委员会技术评委签名:　　　　　　　　日期:　　年　　月　　日

（二）技术标评分汇总明细表

项目名称及项目招标编号：________________　　　　时间：　　年　　月　　日

评委序号和姓名	投标人名称（或代码）及其得分						
1.							
2.							
3.							
4.							
5.							
6.							
7.							
各评委评分合计							
各评委评分平均值							
投标人技术标加权平均得分							

评标委员会技术组成员签名：　　　　日期：　　年　　月　　日

附表六　报价分评分记录表

报价分评分记录表

项目名称及项目招标编号：______________________　　　　时间：　　年　　月　　日

项目	投标人名称						
投标总价							
投标总价是否有效							
已标价工程量清单评审是否合格							
1.投标总价得分(满分______)							
2.不合理报价偏差扣分(如有)(满分____)							
3.报价分(1-2)(满分 100 分)							
4.报价分加权得分							
招标控制价(如有)					评标基准价：		
投标总价得分：以评标基准价为最高______分，采用内插法计算，投标人投标总价每高于评标基准价 1%的扣 1.5 分，每低于经评标基准价 1%的扣 1 分。 报价分得分=投标总价得分-不合理报价偏差扣分(如有) 报价分加权得分 = 报价分得分×报价分分值权重							

备注：本表可根据评分办法的需要进行调整。投标报价单位：人民币元。

评标委员会评委签名：　　　　日期：　　年　　月　　日

附表七　企业信誉实力评分记录表

(一)企业信誉实力评分记录表(自治区本级房屋建筑及市政基础设施工程招标时)

项目名称及项目招标编号:________________　　时间:　　年　　月　　日

序号	评分项目	企业诚信综合评价分	投标人名称(或代码)						
区级企业诚信综合评价得分(百分制)		100							
企业信誉实力加权得分合计(满分____)									
企业信誉实力加权得分=根据实时公布的区级诚信综合评价分(百分制)×企业信誉实力分分值权重									

评标委员会评委签名:　　日期:　　年　　月　　日

(二)企业信誉实力评分记录表(各设区市房屋建筑及市政基础设施工程招标时)

项目名称及项目招标编号:______________　　　　时间:　　年　　月　　日

序号	评分项目	企业诚信综合评价分	投标人名称(或代码)						
区级企业诚信综合评价得分(百分制)		100							
设区市级企业诚信综合评价得分(百分制)		100							
企业信誉实力加权得分合计(满分____)									
企业信誉实力加权得分=根据实时公布的区级诚信综合评价分(百分制)×______%(取70%~100%)×企业信誉实力分分值权重+根据实时公布的设区市级诚信综合评价分(百分制)×______%(取0%~30%)×企业信誉实力分分值权重									

评标委员会评委签名:　　　　日期:　　年　　月　　日

附表八　评标结果汇总表

评标结果汇总表

项目名称及项目招标编号：________________　　　　时间：　　年　　月　　日

<table>
<tr><th rowspan="3">序号</th><th rowspan="3">投标人名称</th><th rowspan="3">投标总价（元）</th><th colspan="3" rowspan="2">初步评审</th><th colspan="4">详细评审</th><th rowspan="3">排序（由低至高）</th></tr>
<tr><th rowspan="2">技术标加权平均得分（满分　分）</th><th colspan="2">商务标得分</th><th rowspan="2">总得分（满分 100 分）</th></tr>
<tr><th>资格审查是否合格</th><th>形式评审是否合格</th><th>响应性评审是否合格</th><th>报价分加权得分（满分　分）</th><th>企业信誉实力加权得分（满分　分）</th></tr>
<tr><td>1</td><td></td><td></td><td></td><td></td><td></td><td></td><td></td><td></td><td></td><td></td></tr>
<tr><td>2</td><td></td><td></td><td></td><td></td><td></td><td></td><td></td><td></td><td></td><td></td></tr>
<tr><td>3</td><td></td><td></td><td></td><td></td><td></td><td></td><td></td><td></td><td></td><td></td></tr>
<tr><td>4</td><td></td><td></td><td></td><td></td><td></td><td></td><td></td><td></td><td></td><td></td></tr>
<tr><td>5</td><td></td><td></td><td></td><td></td><td></td><td></td><td></td><td></td><td></td><td></td></tr>
<tr><td>6</td><td></td><td></td><td></td><td></td><td></td><td></td><td></td><td></td><td></td><td></td></tr>
<tr><td>7</td><td></td><td></td><td></td><td></td><td></td><td></td><td></td><td></td><td></td><td></td></tr>
<tr><td colspan="2" rowspan="3">最终推荐的中标候选人及其排序</td><td colspan="9">第一名：</td></tr>
<tr><td colspan="9">第二名：</td></tr>
<tr><td colspan="9">第三名：</td></tr>
</table>

备注：本表可根据第二章投标人须知确定的中标候选人推荐数量等实际情况进行调整。

评标委员会全体成员签名：　　　　　　　　日期：　　年　　月　　日

附表九　中标候选人公示

中标候选人公示

<table>
<tr><td colspan="3">项目名称</td><td></td><td>项目招标编号</td><td></td></tr>
<tr><td colspan="3">招标人</td><td colspan="3"></td></tr>
<tr><td colspan="3">建设单位</td><td colspan="3"></td></tr>
<tr><td colspan="3">招标类别</td><td>□委托招标　□自行招标</td><td>招标方式</td><td>□公开招标　□邀请招标</td></tr>
<tr><td colspan="3">招标代理机构</td><td colspan="3"></td></tr>
<tr><td colspan="3">结构类型及规模</td><td colspan="3">（房建项目应注明结构、层数、最大单跨、建筑高度、建筑面积、是否为装配式建筑等；桥梁应注明长度、最大单跨、宽度等；市政道路应注明道路类型、长度、宽度等）</td></tr>
<tr><td colspan="3">开标时间</td><td></td><td>开标地点</td><td></td></tr>
<tr><td colspan="3">公示开始时间</td><td>年　月　日</td><td>公示截止时间</td><td>年　月、日</td></tr>
<tr><td colspan="3">预中标人</td><td colspan="3"></td></tr>
<tr><td rowspan="14">中标候选人情况</td><td rowspan="7">第一中标候选人</td><td>单位名称</td><td colspan="3"></td></tr>
<tr><td>单位资质</td><td colspan="3"></td></tr>
<tr><td>投标总价</td><td colspan="3"></td></tr>
<tr><td>工期</td><td></td><td>质量等级</td><td></td></tr>
<tr><td>项目经理</td><td colspan="3">（注册编号：　　；身份证号：　　）</td></tr>
<tr><td>专职安全员</td><td colspan="3">（身份证号：　　）【全部拟投入专职安全员】</td></tr>
<tr><td>投标所用企业业绩（包括资格要求和加分业绩）</td><td colspan="3"></td></tr>
<tr><td rowspan="7">第二中标候选人</td><td>单位名称</td><td colspan="3"></td></tr>
<tr><td>单位资质</td><td colspan="3"></td></tr>
<tr><td>投标总价</td><td colspan="3"></td></tr>
<tr><td>工期</td><td></td><td>质量等级</td><td></td></tr>
<tr><td>项目经理</td><td colspan="3">（注册编号：　　；身份证号：　　）</td></tr>
<tr><td>专职安全员</td><td colspan="3">（身份证号：　　）【全部拟投入专职安全员】</td></tr>
<tr><td>投标所用企业业绩（包括资格要求和加分业绩）</td><td colspan="3"></td></tr>
</table>

续表

<table>
<tr><td rowspan="7">中标候选人情况</td><td rowspan="7">第三中标候选人</td><td>单位名称</td><td colspan="3"></td></tr>
<tr><td>单位资质</td><td colspan="3"></td></tr>
<tr><td>投标总价</td><td colspan="3"></td></tr>
<tr><td>工期</td><td></td><td>质量等级</td><td></td></tr>
<tr><td>项目经理</td><td colspan="3">（注册编号：　　　;身份证号：　　）</td></tr>
<tr><td>专职安全员</td><td colspan="3">（身份证号：　　）【全部拟投入专职安全员】</td></tr>
<tr><td>投标所用企业业绩（包括资格要求和加分业绩）</td><td colspan="3"></td></tr>
<tr><td colspan="2">被否决投标或不合格的投标人名称、否决原因及依据</td><td colspan="4"></td></tr>
<tr><td colspan="2">其他公示内容（如有）</td><td colspan="4"></td></tr>
<tr><td colspan="2">公示媒介</td><td colspan="4"></td></tr>
<tr><td colspan="2">异议和投诉</td><td colspan="4">投标人或者其他利害关系人对评标结果有异议的，应当在中标候选人公示期间提出，招标人应当自收到异议之日起3日内答复；若招标人拒不答复或认为招标人答复内容不符合法律、法规和规章规定或认为权益受到侵害的，请在自知道或应当知道之日起10日内向投诉受理部门提出书面投诉书，逾期不予受理。若招标人对项目评标结果有异议的，可在公示开始日起10日内直接向投诉受理部门提交书面投诉书。</td></tr>
<tr><td colspan="2">投诉受理部门</td><td colspan="2"></td><td>投诉受理电话</td><td></td></tr>
</table>

备注：

1.中标候选人公示一式5份。其中：招标人2份、招标代理单位1份、招投标监督管理部门1份、交易中心1份。

2.以上身份证号在公示时应隐藏部分数字。

附表十　中标通知书

中标通知书

项目招标编号：　　　　　　　　　　　　　　　　　　　　　　中标通知书编号(如有)：

<table>
<tr><td colspan="2">建设单位</td><td colspan="7"></td></tr>
<tr><td colspan="2">代建单位(如有)</td><td colspan="7"></td></tr>
<tr><td colspan="2">中标单位</td><td colspan="7"></td></tr>
<tr><td colspan="2">设计单位</td><td colspan="7"></td></tr>
<tr><td colspan="2">招标代理机构</td><td colspan="7"></td></tr>
<tr><td colspan="2">项目名称</td><td colspan="7"></td></tr>
<tr><td colspan="2">工程地址</td><td colspan="7"></td></tr>
<tr><td colspan="2">中标范围</td><td colspan="7"></td></tr>
<tr><td colspan="2">结构类型</td><td colspan="3">(房建项目应注明结构、层数、最大单跨、建筑高度、建筑面积、是否为装配式建筑等；桥梁应注明长度、最大单跨、宽度等；市政道路应注明道路类型、长度、宽度等)</td><td colspan="2">工程规模</td><td colspan="2"></td></tr>
<tr><td colspan="2">承包方式</td><td colspan="3"></td><td colspan="2">承包类型</td><td colspan="2"></td></tr>
<tr><td colspan="2">项目经理</td><td></td><td colspan="2">注册专业、等级及注册编号</td><td colspan="2"></td><td>身份证号</td><td></td></tr>
<tr><td colspan="2">技术负责人及证书编号</td><td colspan="3"></td><td colspan="2">专职安全员及安全生产考核合格证书编号、身份证号(全部)</td><td colspan="2"></td></tr>
<tr><td rowspan="4">中标主要条件</td><td>中标价</td><td colspan="2"></td><td colspan="2" rowspan="3">主要材料</td><td>钢　筋</td><td colspan="2"></td></tr>
<tr><td>工期</td><td colspan="2"></td><td>水　泥</td><td colspan="2"></td></tr>
<tr><td>质量</td><td colspan="2"></td><td>商品混凝土</td><td colspan="2"></td></tr>
<tr><td colspan="8">其中：安全文明施工措施费：</td></tr>
<tr><td colspan="5">建设单位：
(盖单位公章)
法定代表人：
(签字或盖章)
年　月　日</td><td colspan="4">招标代理机构：
(盖单位公章)
法定代表人：
(签字或盖章)
年　月　日</td></tr>
<tr><td>备注</td><td colspan="8">中标人在收到中标通知书后，须在____日内向招标人足额提交履约保证金，否则招标人可以取消其中标资格。招标人和中标人应当在投标有效期内以及中标通知书发出之日起30天内，根据招标文件和中标人的投标文件订立书面合同。</td></tr>
</table>

备注：中标通知书一式12份。其中：建设单位6份(用于办理工程质量监督、安全监督、施工许可证以及存档等有关手续)、中标单位3份、招标代理单位1份、招投标监督管理部门1份、交易中心1份。

附表十一　中标公告

中标公告

项目名称			
项目招标编号			
招标人			
建设单位			
招标类别	□委托招标　□自行招标	招标方式	□公开招标　□邀请招标
招标代理机构			
中标范围			
开标时间		开标地点	
中标人			
中标价			
工期			
质量等级			
项目经理	注册编号：	;身份证号：	
公告媒介			
公告日期(即中标通知书签发日期)			

备注：

1.招标人应在发布媒介上发布中标公告；

2.以上身份证号在公告时应隐藏部分数字。

参考文献

[1] 李志生.建筑工程招投标实务与案例分析[M].2 版.北京:机械工业出版社,2014.

[2] 财政部国库司(政府采购管理办公室).政府采购法律法规工作手册(2012 修订本)[M].北京:经济科学出版社,2012.

[3] 中国招投标协会.中国招标采购常用法规[M].北京:中国计划出版社,2008.

[4] 王平.工程招投标与合同管理[M].2 版.北京:清华大学出版社,2020.

[5] 刘黎虹,赵丽丽,伏玉.建设工程招投标与合同管理[M].北京:化学工业出版社,2018.

[6] 曹林同.建筑法规[M].哈尔滨:哈尔滨工业大学出版社,2012.

[7] 毛林繁,李帅锋.招标投标法条文辨析及案例分析[M].北京:中国建筑工业出版社,2013.

[8] 张立秋,袁建新.工程招投标与合同管理[M].北京:化学工业出版社,2010.

[9] 赵振宇.建设工程招投标与合同管理[M].北京:清华大学出版社,2019.

[10] 蓝兴洲.工程招投标与合同管理[M].重庆:重庆大学出版社,2014.

[11] 常青,邵转吉.工程招投标与合同管理[M].哈尔滨:哈尔滨工业大学出版社,2012.

[12] 王鳌杰,冷超群,刘强.工程招投标与合同管理[M].北京:中国建材工业出版社,2016.

[13] 王晓,谷莹莹,安德峰.建设工程招投标与合同管理[M].北京:北京理工大学出版社,2013.

[14] 宋春岩.建设工程招投标与合同管理[M].4 版.北京:北京大学出版社,2018.

[15] 孙学礼,吕颖.工程招投标与合同管理[M].北京:高等教育出版社,2016.

[16] 刘志杰.工程招投标与合同管理[M].大连:大连理工大学出版社,2009.